LA FORTUNE

DU PAYSAN

PAR

L'ÉLEVAGE DES ABEILLES

DANS LES RUCHES A CADRES MOBILES

Suivi de Conseils sur la Culture des Abeilles en Paniers

Par l'Abbé **DAVID**

Curé de Villabon (Cher)

NOUVELLE ÉDITION

ENTIÈR[illegible] CONSIDÉRABLEMENT AUGMENTÉE

[illegible]); *franco* : **1** fr. **65**

[illegible]TEUR, A VILLABON (CHER)

LA FORTUNE DU PAYSAN

PAR L'ÉLEVAGE DES ABEILLES

AUX AGRICULTEURS

L'accueil bienveillant que le public a fait à cet essai sur la culture des abeilles nous encourage dans les efforts que nous avons tentés pour le relèvement de cette branche de l'agriculture.

« Le vent est aux abeilles », nous écrivait-on récemment, et c'est vrai. On comprend enfin qu'il y a là, pour l'agriculture en souffrance, une précieuse ressource et un heureux dédommagement à toutes ses pertes. Pour notre part, nous aiderons de tout notre pouvoir ceux qui voudront marcher de l'avant dans cette voie : au besoin nous nous tiendrons près du drapeau que des maîtres vénérés comme les Layens, les Dadant, les Bertrand tiennent si noblement en leurs mains, et nous crierons au passage à tous ceux que nous rencontrerons sur le chemin : Aux abeilles ! Paysans, pour vous c'est la fortune.

Beaucoup d'entre les gens de la campagne possèdent dans un petit coin de leur jardin quelques colonies en paniers d'osier ou de paille ; elles sont là cachées derrière une haie, ensevelies dans l'herbe ou à la merci des ennemis qui les recherchent; sans défenseurs, pas même leur propriétaire qui souvent ne pense à elles que lorsqu'il espère y trouver un profit.

Mais pourquoi négligez-vous votre rucher? Pourquoi le laissez-vous abandonné à lui-même? Ne voyez-vous pas que ces herbes gênent la circulation des abeilles en même temps qu'elles entretiennent à l'intérieur du panier une humidité nuisible à la santé de la colonie? Vous n'avez pas soin de vos abeilles et vous voudriez leur réclamer un profit? Il en est de cet insecte laborieux comme des animaux domestiques de vos étables, qui vous produisent, suivant les soins plus ou moins intelligents et persévérants que vous leur donnez.

Un fermier qui ne saurait point conduire son domaine en retirerait naturellement un bénéfice inférieur à celui qui connaîtrait à fond la culture des terres et le soin des troupeaux.

Appliquez ce principe à l'abeille et soyez persuadé qu'elle vous donnera un bénéfice plus ou moins grand, suivant que vous connaîtrez mieux ses mœurs, et que vous aurez pour elle plus de sollicitude.

Une bête de bonne race paie toujours largement à son maître les peines qu'il prend pour elle: et l'abeille ne fait pas exception à cette règle. Je ne crains pas d'affirmer que le laboureur qui voudrait s'adonner sérieusement à l'apiculture en tirerait, sans nuire au rapport de ses terres et de ses étables, un produit rémunérateur qui l'aiderait sensiblement à supporter les charges qui pèsent sur lui. Et chaque propriétaire, en affermant son domaine, ne pourrait-il pas exiger, dans son bail, que le fermier y entretînt un lot important d'abeilles ? Ne pourrait-il pas, d'ailleurs, le lui donner en cheptel comme un autre bétail ?

Au fermier qui n'accepterait pas de telles conditions nous dirions qu'il refuse le moyen le plus sûr de payer son maître, et je le prouverai tout à l'heure par des chiffres qui pourraient paraître fabuleux à des fixistes, mais qui ne seront pourtant que l'expression de la plus exacte vérité et ne seront contestés par aucun de ceux qui connaissent la culture de l'abeille par les procédés modernes [1].

Bien plus, nous avons déjà dit et nous dirons ici bien haut : le laboureur qui a un enfant intelligent devrait l'envoyer pendant quelques jours, quelques semaines au plus, prendre quelques leçons auprès d'un apiculteur sérieux, et, la même année, il serait amplement dédommagé du petit sacrifice qu'il aurait fait.

Combien de milliers de livres de miel se perdent dans les fleurs des prairies artificielles qui couvrent vos champs ! C'est par dix, quinze et vingt hectares que se compte le sainfoin (la reine des fleurs mellifères), la luzerne, le trèfle, etc.

[1] Les apiculteurs sont divisés en deux écoles : les fixistes et les mobilistes. On appelle fixistes ceux qui cultivent les ruches à rayons fixes, paniers ou ruches à hausses ; et mobilistes ceux qui suivent le système perfectionné de la ruche à cadres lequel permet de visiter une colonie en retirant tous les rayons avec autant de facilité qu'on ferait l'inspection d'un meuble, en enlevant une à une toutes les parties qui le composent.

Le laboureur récolte les tiges comme fourrage et la graine comme semence. Mais pourquoi ne pas chercher à recueillir le miel que la fleur renferme ? Pourquoi le laisser perdre quand on peut se l'approprier ? D'ailleurs la graine produite par la plante sera elle-même plus abondante.

Car c'est un fait acquis que la fleur fréquentée par les mouches produit beaucoup plus de graines que celle qui a été privée de leur visite. Cette étude a été faite par des savants de mérite, et elle a été des plus concluantes. Qu'il nous suffise de citer ici Darwin qui en a fait l'expérience sur le pied-d'alouette des blés : il a trouvé un poids de 170 grammes de graines produit par un certain nombre de fleurs, emprisonnées sous un filet, pour que les abeilles ne puissent les fréquenter ; tandis que le même nombre de fleurs que les abeilles purent visiter en toute liberté en donnèrent 350 grammes, c'est-à-dire le double.

Autre expérience. — Vingt têtes de trèfle blanc poussant en liberté et fréquentées par les abeilles donnèrent 2,290 graines, tandis que sur vingt autres têtes placées dans les mêmes conditions, mais privées par un filet de la visite des mouches, six seulement produisirent de la graine, quatorze demeurèrent stériles.

M. Jobart, directeur du *Bien public* à Dijon, dans un intéressant opuscule sur l'utilité des abeilles [1].

[1] Utilité des abeilles, par Eug. Jobard. *Chez l'auteur, Place Darcy, 9, Dijon.*

rapporte plusieurs faits confirmant ces données de la science. Il parle, d'après M. Donnot, apiculteur de la Marne, d'une commune de la Normandie où plusieurs années de suite les abeilles ayant manqué, les pommes, et par conséquent le cidre, firent défaut, mais que des ruches y ayant été rétablies, les pommiers donnèrent de nouveau leurs fruits.

Il parle même de champs de blé, dans le voisinage des abeilles, beaucoup plus beaux que loin des ruchers. Au reste, quoique ce dernier fait d'observation puisse être contestable, nous renvoyons le lecteur à ce travail que nous conseillons de lire, et nous nous contentons de conclure : Perte de miel, perte de graines, perte de fruits, voilà la conséquence de cette négligence avec laquelle vous traitez vos abeilles. Vous vous privez ainsi de ressources précieuses, car si les abeilles de vos voisins, en butinant sur vos fleurs, vous procurent encore l'abondance de la graine et du fruit, ils auront pour eux le miel que vous auriez au moins pu demander à partager : et c'est un avantage qui n'est pas à dédaigner.

Quelques résultats obtenus par la culture des abeilles, *suivant les méthodes modernes*, seront de nature à vous encourager dans cette voie, car si les paroles peuvent émouvoir, c'est l'exemple et le succès d'autrui qui entraînent.

On a prétendu que nous nous laissions aller à l'exagération quand dans notre première édition nous parlions d'un rendement de 40 à 80 livres de miel par ruche. Et cependant, dans notre contrée du moins, ce chiffre n'est que l'expression d'une vérité. M. L. F. de Villabon, qui a deux ruches seulement, ne leur donne presque aucun soin. Au printemps, il leur distribue en trois ou quatre fois à chacune de trois à quatre kilos de sirop à titre de nourriture stimulante : il remplit ses ruches de cadres au moment de la grande miellée : il récolte fin juin et fin septembre et il a fait sans plus de soucis, en 1889, 60 kilos de miel dans ses deux ruches, et jamais sa récolte n'a été inférieure à 40 kilos.

L'année que nous traversons (1890) est désastreuse. M. J. M...., encore de Villabon, un novice, a installé une première ruche au printemps : elle a bâti douze grands cadres et une dizaine des petits du grenier et il vient de faire en première récolte 15 kilos de miel pendant que les fixistes ont leurs paniers vides et se résignent à acheter du miel aux mobilistes s'ils veulent en manger [1].

Dans une belle propriété, aux environs de Bourges, où l'on cultive 16 ruches à cadres mobiles, on a fait, *en première récolte*, en 1888, 525 kilogrammes de miel surfin. Ajoutez à ce chiffre celui de la seconde récolte qui donne parfois plus des deux tiers de la première, et vous aurez un chiffre convenable de 800 kil. à l'année, ou 50 kilog. par ruche.

A ces chiffres, qu'on nous permette d'ajouter les

[1] M. le Vicomte de S.... (Loir-et-Cher) commence au printemps avec 15 Berrichonnes : fin juin il en récolte 10 et y trouve 325 kilos de miel.

résultats que nous avons obtenus en 1889 et que nous avons relevés en un tableau comparatif dressé et suivant la capacité des ruches et suivant la race des abeilles.

En première récolte, fin juin, nous avons obtenu sur 23 ruches 735 kilog. et 340 kilog. à la seconde sur 27 : soit un total de 1,075 kilog. La plus faible a donné 19 kilog. 700 (elle n'avait pas de grenier), et la plus forte 82 kilog. 500.

La moitié des colonies a obtenu un maximun supérieur à 50 kilog. Nous donnerons ce tableau en appendice [1].

Et ces résultats sont bien loin d'atteindre ceux de nos maîtres d'Amérique qui accusent une moyenne de 150 à 200 livres par ruches.

Laboureurs, ouvriers de la campagne, apprenez donc à cultiver l'abeille, et bientôt le poids des mau-

[1] Des résultats de cette nature sont bien faits, nous en convenons, pour agacer les nerfs des fixistes qui jettent les hauts cris et avouent leur impuissance en injuriant ceux qui font mieux qu'eux. Ils ne peuvent admettre de si fortes récoltes parce qu'ils n'y peuvent parvenir avec leur système des âges antiques. Parce que leurs colonies meurent de faim, ils ne peuvent concevoir que les nôtres aient de quoi vivre.

Cependant il faut remarquer que toute contrée ne saurait donner les mêmes résultats. Nous relatons ici ceux que nous obtenons dans un pays très mellifère où l'abeille a de nombreuses prairies artificielles à sa disposition, et il ne viendra à la pensée de personne d'imaginer des succès analogues dans les régions couvertes de vignobles.

Nous n'avons pas la prétention non plus de dire que c'est la ruche qui donne le miel, mais nous soutenons et maintenons que à population égale, dans la même contrée, nous, mobilistes, par nos procédés rationnels, nous obtiendrons toujours une récolte bien supérieure à celle des fixistes.

vaises années vous sera moins pénible à supporter. Donnez-lui vos soins, elle travaillera pour vous ; elle ira récolter le miel que vos fleurs distillent, et vous aurez la satisfaction de ne pas voir se perdre une partie de votre bien, faute de savoir. C'est pour vous instruire, c'est pour vous aider à traverser plus à l'aise les années désastreuses qui se succèdent, que nous avons essayé de rédiger ces quelques conseils sur la culture des abeilles.

Nous ne discuterons pas ; nous n'expliquerons même pas nos préférences : nous voulons seulement ici donner quelques bons avis pour la direction pratique d'un rucher. C'est tout ce qui est nécessaire pour le but que nous nous proposons : aider au développement de l'apiculture, en invitant les petites gens de la campagne à profiter des richesses que Dieu met à leur portée et qu'il suffira de faire amasser.

CHAPITRE I

Les habitants de la ruche

Il y a, dans une ruche en bon état, au printemps et en été, trois sortes d'abeilles : une mère ou reine, des ouvrières, et des mâles en plus petit nombre.

La Mère ou Reine.— *La mère* est une abeille femelle qui a atteint son développement complet et qui, en conséquence, peut être fécondée par le mâle. Elle est le produit d'un œuf femelle et est élevée par les ouvrières dans une cellule très allongée où elle se développe à son aise, ce qui fait qu'elle est plus longue que les autres. Son unique fonction dans la ruche est de pondre des œufs. Il n'y en a qu'une dans chaque ruche. On la reconnait facilement à la longueur de son abdomen, à ses pattes plus longues aussi et plutôt jaunes que noires.

Les ouvrières n'en élèvent qu'à l'époque de l'essaimage ou quand elles sont orphelines soit par le fait de la mort soit par la volonté de l'apiculteur ou quand la leur, quoique vivante, ne leur convient plus pour une cause que l'on ne saurait préciser. Pour cela elles adoptent un œuf ou une larve, élargissent la cellule et l'allongent dans le sens vertical de haut en bas.

Elles lui administrent au berceau une nourriture plus abondante qu'aux autres larves et qu'on appelle la *bouillie royale*.

La jeune mère naît insecte parfait le seizième jour après la ponte de l'œuf qui l'a produite (15 jours. 12 heures, d'après l'abbé Collin [1].)

Le sixième ou septième jour après sa naissance, elle sort de la ruche pour se faire féconder, car il est universellement admis que cette action a lieu dans les airs, loin des regards des mortels, et un seul accouplement suffit pour sa vie toute entière.

Elle commence à pondre deux ou trois jours après et elle n'est interrompue dans cette fonction que par l'hiver. Dans le Centre, la ponte cesse en octobre pour recommencer en février et quelquefois en janvier. Elle est plus ou moins abondante, mais toujours en proportion de la force de la population, de l'élévation de la température intérieure et extérieure et de l'importance de la miellée. En pleine récolte, une mère jeune pond plusieurs milliers d'œufs par jour, de 3 à 4,000, dans les grandes ruches à forte population.

Si, pour une cause quelconque, mauvais temps qui empêche la sortie ou défaut de mâles, comme à l'hiver ou à l'automne, la jeune mère n'a pu être fécondée, l'accouplement est retardé; mais passé un certain temps (un mois à 6 semaines d'après Dzierzon) il ne peut plus avoir lieu et la reine est dite *bourdonneuse*, c'est-à-dire qu'elle pond quand même, mais ses

[1] *Le guide du propriétaire d'abeilles*, par l'abbé Collin.

œufs présentent cette particularité que, sans fécondation, ils donnent naissance à un être vivant, lequel cependant est toujours un mâle, bien qu'il soit élevé dans une cellule d'ouvrière C'est la loi de la *Parthénogène*, en vertu de laquelle une reine peut être *vierge et mère*.

La ruchée dont la mère est bourdonneuse est condamnée à périr ; pour l'éviter, il faut supprimer cette mère, et la remplacer par une autre régulièrement fécondée.

Une mère peut vivre plusieurs années, certains disent cinq ou six ans ; mais dans nos grandes ruches à cadres mobiles où la ponte peut prendre tout le développement possible et où, par le nourrissement stimulant elle est excitée chaque année, elle s'épuise très rapidement, et l'on constate à la troisième année une diminution sensible dans le nombre des œufs pondus : aussi les apiculteurs qui pratiquent la culture intensive font-ils en sorte de n'avoir, dans leurs ruches, que de jeunes mères d'un et deux ans.

Les ouvrières, comme la reine, sont des femelles aussi, mais incomplètes. Élevées dans des cellules étroites et peu profondes, elles n'ont pu se développer et leurs organes sont atrophiés. C'est pourquoi elles ne sont pas aptes à la fécondation et, si elles pondent ce n'est que par accident, par exemple, lorsqu'elles sont orphelines et dans l'impossibilité d'élever une reine ; mais, comme ceux de la reine *bourdonneuse*, leurs œufs ne donnent naissance qu'à des mâles. La ruchée périra si l'on ne vient promptement à son secours en lui donnant une mère.

Tout le soin que nécessite la ruche retombe sur les ouvrières. Quand elles sont jeunes, elles demeurent au logis, occupées à soigner le couvain, c'est-à-dire les petits vers ou larves qui seront bientôt transformés en abeilles. Elles fabriquent aussi les rayons de cire, nettoient les cellules, réparent les dégâts, et se chargent d'une manière générale de tous les travaux intérieurs du ménage.

Quinze jours environ après leur naissance, elles commencent à sortir pour butiner, vont récolter le miel, l'eau, le pollen, la propolis et tout ce dont elles ont besoin à l'intérieur de la ruche.

L'ouvrière naît vingt-et-un jours après la ponte de l'œuf qui l'a produite. Sa vie est courte. Celles qui naissent en automne (septembre et octobre) passent facilement l'hiver, et leur vie peut être de cinq ou six mois : mais en été, la fièvre du travail use rapidement leurs forces, et les dangers de toute nature qu'elles rencontrent en font périr un si grand nombre qu'en deux où trois mois une colonie est entièrement renouvelée.

Le Créateur leur a donné un aiguillon pour leur défense, mais elles ne sont pas aussi agressives qu'on le prétend généralement : elles ne piquent jamais loin du rucher, lorsqu'elles sont à la récolte dans les champs. Si, près du rucher, une abeille devient menaçante, ce qu'on reconnait à son bourdonnement et à la persistance avec laquelle elle tourne autour de soi, il faut éviter tout mouvement brusque et se retirer lentement, ou se courber et *demeurer immobile, en retenant autant que possible sa respiration*. Cette dernière précaution est capitale. On fera en sorte aussi de ne jamais se placer devant le trou de vol ou entrée des abeilles.

Les mâles ou *bourdons* sont plus gros et plus longs que les ouvrières; ils n'ont pas d'aiguillon et sont par là même inoffensifs. Ils naissent insectes parfaits vingt-quatre jours après la ponte de l'œuf. Dans la ruche, ils mènent une vie oisive et se nourrissent du miel que récoltent les ouvrières. Ils ne sortent que par un beau temps, de dix heures du matin à quatre heures du soir environ, et ne servent qu'à la fécondation des jeunes reines. Quand la récolte cesse et que le temps de l'essaimage est passé, ils deviennent inutiles et les ouvrières s'empressent de les mettre à mort.

Dans une famille ou une société bien organisée, tous les membres doivent concourir à la prospérité de la communauté.

CHAPITRE II

Constructions et Matériaux

§ I

LES CONSTRUCTIONS

Rayons. — Les abeilles, à l'état naturel, livrées à elles-mêmes, logées dans les creux d'arbres ou la fente de rocher qu'elles ont choisis pour demeure ou dans le panier où elles ont été recueillies, se construisent une série de rayons composés d'une double rangée de cellules à 6 pans qui servent à recevoir et leurs provisions et les œufs de la mère. Ils ont une épaisseur qui varie entre 24 et 28 millimètres, et sont séparés entre eux par un intervalle de 7 millimètres 1/2 à un centimètre. Leur couleur varie depuis le blanc jusqu'au noir en passant par le jaune brun.

Le rayon qui ne sert qu'à recevoir le miel, reste blanc, mais celui qui sert à l'élevage des petites finit par arriver au noir foncé.

Cellules. — Les *cellules* ou *alvéoles* sont de trois sortes : les cellules royales, les cellules d'ouvrières et les cellules de mâles.

La *cellule royale* ou *maternelle* est tout à fait différente des deux autres. Construite en forme de gland, la plupart du temps sur la tranche des rayons où elle fait saillie, elle est beaucoup plus longue que les autres. Elle est bâtie verticalement, et son ouverture est en bas regardant le plateau de la ruche.

Les abeilles n'en élèvent qu'un petit nombre, c'est à peine si on en compte dix à quinze dans les ruches fortes.

Les *cellules d'ouvrières* sont les plus nombreuses. Elles sont plus petites que celles dans lesquelles sont élevés les mâles. Mais les unes et les autres ont la forme hexagonale, et ont la même destination.

§ II

LES MATÉRIAUX

La cire. — Les rayons sont construits avec de la cire. Les abeilles la détachent avec leurs pattes, de dessous leur abdomen, où elle est sécrétée en petites lamelles par les glandes cireuses. Elles la pétrissent avec leurs mandibules en la mélangeant à leur salive.

Miel. — Le miel est une matière sucrée que les abeilles récoltent dans les fleurs ou dans les feuilles de certains arbres. Il contient, lorsqu'elles l'apportent, une grande quantité d'eau qui s'évapore dans la ruche, et, lorsqu'après ce travail il est devenu épais comme un sirop, les abeilles l'enferment dans les cellules par une petite croûte ou couvercle de cire qu'on appelle *opercule* : De là lui vient le nom de *miel operculé*.

Le pollen est une substance farineuse qu'elles amassent sur le pistil des fleurs; elles le pétrissent en le mélangeant avec un peu de miel et l'apportent roulé en boules à leurs pattes de derrière. Elles en font une grande consommation pour la nourriture du couvain.

La propolis est une substance résineuse avec laquelle elles consolident leurs rayons, bouchent les fentes de leur ruche qui donneraient lieu à une perte de chaleur ou à un courant d'air.

CHAPITRE III

L'habitation ou les Ruches

On peut cultiver les abeilles dans des ruches à rayons fixes ou à rayons mobiles. De là la dénomination de système fixiste et système mobiliste.

Ruches à rayons fixes. — La ruche à rayons fixes est encore la plus employée aujourd'hui. C'est elle que l'on trouve communément dans nos campagnes ; elle est construite en petit bois d'osier ou en paille tressée.

Les unes sont d'une seule pièce ; les autres se composent de deux ou plusieurs pièces placées les unes sur les autres.

Parmi ces dernières on distingue surtout la ruche à calotte ou capot et la ruche à hausses ; ce sont les plus parfaites des ruches à rayons fixes, parce qu'elles permettent la récolte facile du miel que les abeilles logent toujours dans la partie supérieure de leur habitation. Avec le panier en petit bois ou en paille d'une seule pièce on ne peut prendre aux abeilles que le trop plein, ce qui se trouve dans les rayons du bas et sur les côtés de la ruche à moins toutefois que l'on pratique l'étouffage, méthode barbare et ridicule qui consiste à tuer la poule pour avoir les œufs.

Ruches à rayons mobiles. — Les plus parfaites de toutes sont les ruches à cadres mobiles ainsi appelées parce que les rayons de cire y sont construits dans de petits cadres en bois qui glissent sur des rainures et s'enlèvent à volonté ; ce qui permet de les visiter dans le plus petit détail.

La ruche à cadres mobiles est unique dans son principe mais multiple dans son application. Chaque apiculteur peut en modifier les détails à son gré, mais on ne doit jamais le faire contrairement aux lois naturelles auxquelles sont soumises les abeilles.

Avantages de la ruche à cadres. — La ruche à cadres est de beaucoup supérieure à toute ruche à rayons fixes, et on en peut résumer ainsi les principaux avantages.

1° Par l'emploi de la cire gaufrée, elle permet de supprimer tous les mâles ou à peu près, ce qu'on ne saurait faire avec la ruche fixe où ils sont élevés en grand nombre. Or, avec ces milliers de bouches inutiles, quelle récolte pouvez-vous espérer, chaque mâle consommant peut-être trois fois autant de nourriture que l'ouvrière ?

2° Grâce à la porte vitrée, on peut, la ruche à cadres devant être très grande, augmenter ou rétrécir l'espace à occuper par les abeilles, suivant les besoins et la saison, ce qui favorise le développement de la colonie, puisque la mère ne manque pas de place pour déposer ses œufs, ni les abeilles pour emmagasiner la récolte.

3° Grâce à l'extracteur,

(A) nous récoltons le miel plus facilement et plus proprement et nous l'obtenons plus pur, exempt de tout mélange de cire et de pollen.

(B) Les rayons n'étant pas brisés, sont rendus aux abeilles après avoir été récoltés ; de sorte qu'au lieu d'avoir à construire de nouveau, les ouvrières n'ont plus qu'à continuer leurs travaux de récolte et à s'occuper à remplir le magasin. C'est ce qui explique comment les mobilistes peuvent faire plusieurs cueillettes chaque année, deux, trois et quelquefois quatre, suivant la flore de la localité et l'abondance de la miellée.

4° Avec la ruche à cadres, par une visite de quelques minutes, on constate dans le plus menu détail l'état de la colonie. C'est un livre ouvert que l'apiculteur feuillette à son gré tandis que la ruche à rayons fixes est un livre fermé dont on ne peut regarder que la tranche ou les bords.

Ainsi nous constatons avec la plus grande facilité si elle a des provisions ou non, si elle en a plus qu'il ne lui en faut ou pas assez. Si une ruche souffre de la disette, nous prenons à celle qui vit dans l'abondance quelques bons cadres de miel que nous donnons à sa voisine nécessiteuse, sans aucun embarras.

Nous constatons si elle est forte ou faible. Si elle manque de population, nous réunissons comme le fixiste, mais plus rapidement, ou bien nous emprun-

...

tons à une ruche forte quelques cadres de couvain qui la fortifient.

Mieux que le fixiste nous voyons si la ruche est orpheline et aussitôt nous donnons une autre mère. Nous savons son âge, et nous la remplaçons si elle est vieille ou mauvaise pondeuse. Sans compter que, par la sélection, nous pouvons améliorer nos races.

5° L'essaimage artificiel n'est qu'un jeu pour le mobiliste et c'est l'affaire de quelques minutes, comme on le verra plus loin, et l'essaimage naturel est presque totalement supprimé, de là une augmentation notable de la récolte.

Choix d'une Ruche. — Si vous voulez obtenir le maximum de récolte possible, laissez là la culture des paniers et fabriquez-vous une ruche à cadres mobiles, ou, ce qui vaut mieux pour commencer, achetez, chez un fabricant, une ruche complète, sur le modèle de laquelle vous pourrez en construire d'autres vous-même, si vous connaissez tant soit peu le maniement des outils et le travail du bois. Mais gardez-vous, au début, de chercher à la modifier, car neuf fois et demie sur dix vous auriez à vous en repentir. Il ne faut jamais dédaigner l'expérience de ses devanciers ; il ne faut pas non plus espérer être un maître avant d'avoir été apprenti.

Or, l'expérience a démontré que les meilleures ruches à cadres mobiles sont celles qui remplissent mieux les conditions suivantes :

1° Capacité suffisante pour loger d'énormes populations et une surabondante récolte ;

2° Faculté d'agrandir et de rétrécir la ruche suivant les nécessités du moment et les besoins de la colonie ;

3° Commodité des manipulations ;

4° Bonne construction ou disposition qui permette une aération suffisante en toute saison, sans courant d'air [1], conserve la chaleur en hiver, et procure une fraîcheur relative en été ; en un mot, qui mette les abeilles à l'abri des brusques changements de la température.

Ruche Berrichonne. — Le modèle que nous avons adopté et propagé autour de nous réunit bien les conditions ci-dessus. Son cadre pour chambre à couvain est, à quelques millimètres près, celui de M. Burki-Jeker. Mais sa construction est entièrement différente de la ruche allemande.

Elle est composée de deux pièces indépendantes l'une de l'autre, la ruche proprement dite et la hausse ou grenier, qui n'est mise en place qu'au moment de la grande miellée, et qui s'enlève lors de la seconde récolte. Nous l'avons surnommée *la Berrichonne*, parce qu'elle est la plus répandue en Berry. On y trouve cependant un certain nombre de ruches à cadres Sagot, et quelques Layens et Dadant, mais rares. Ces deux dernières sont de très bonnes ruches. Nous en donnerons une description sommaire, nous

[1] Il n'est pourtant pas certain que le courant d'air soit aussi nuisible que quelques auteurs le prétendent. M. de Layens cite le fait d'un essaim très populeux, vivant depuis plusieurs années dans une cheminée ouverte aux deux extrémités.

(*Revue internationale d'apiculture*. Décembre 1889.)

réservant d'avoir en vue, dans ce petit travail, principalement ceux qui cultivent la ruche berrichonne.

Description de la Ruche Berrichonne. — La Berrichonne est de forme horizontale et à bâtisses froides. Elle mesure, dans œuvre, 0m 40 de hauteur, 0m 30 de largeur et 0m 72 de longueur. Elle contient 18 cadres. Son plateau est fixe, mais son plafond est mobile, c'est-à-dire qu'il peut s'enlever à volonté pour faire les opérations nécessaires. Les parois de devant et de derrière sont en bois d'un centimètre d'épaisseur, et mesurent 0m 384 de hauteur et 0m 720 de longueur. Elles sont clouées sur des liteaux de 0m 050 de largeur et 0m 028 d'épaisseur, formant à l'extérieur un encadrement que l'on remplit de paille tassée, maintenue par des lattes. Les deux liteaux du bas viennent à fleur des panneaux, tandis que ceux du haut les dépassent de 0m 160, et ceux des côtés de 0m 030. A l'intérieur, une lame de fer mince ou de tôle borde le haut de la paroi, et la surmonte de 0m 002 pour éviter toute propolisation, de façon qu'entre les cadres et le plafond, il n'y ait que 0m 007 d'espace libre pour la circulation des abeilles.

Plateau. — Le plateau est fixe et dépasse la ruche de 0m 100 en avant pour servir de planchette de vol. Trois trous de vol, d'un centimètre de hauteur, et formant ensemble 0m 480 d'ouverture, sont pratiqués sur toute la longueur de la ruche, pour l'entrée et la sortie des abeilles, tandis qu'un auvent les garantit du soleil et de la pluie.

Plafond. — Le plafond est en bois fort de 0m 028 :

il est divisé en deux vantaux qui s'emboîtent l'un sur l'autre à quelques centimètres du centre. Le plus grand est long de 0 m 410, et le plus petit de 0 m 270.

Au milieu de ce plafond, et dans le plus grand des deux vantaux est pratiqué un trou de bonde de 8 centimètres de diamètre, fermé par un bouchon en bois, et destiné à recevoir le nourrisseur à douille. Il sert aussi à faciliter l'introduction des mères, comme on le verra plus loin.

Portes de partition. — Deux portes de partition permettent d'agrandir ou de rétrécir l'espace occupé par les abeilles qui prennent leurs quartiers d'hiver au centre de la ruche. Elles glissent sur les panneaux des parois intérieures. Elles sont munies de deux boucles aux deux tiers de leur hauteur, avec lesquelles on peut les faire avancer ou reculer au gré de l'apiculteur. En haut et en bas, une échancrure de 1 centimètre de haut et de 20 centimètres de long permet de laisser rentrer ou sortir les abeilles, s'il est besoin, et peut procurer un courant d'air en été, si la colonie faisait la barbe. Une planchette très mince, de 3 millimètres d'épaisseur, maintenue par des pointes recourbées, ferme ces deux passages en temps ordinaire. Au milieu, une vitre de 15 centimètres carrés laisse apercevoir le dernier cadre de chaque côté.

Portes extérieures. — La ruche est ouverte aux deux bouts. Deux portes pleines, ou de préférence garnies de paille, ferment ces ouvertures.

Cadres. — Le cadre est formé de quatre lattes

clouées ensemble, larges de 0m 024, et épaisses, celles du haut et du bas, de 0m 010, et celles des montants, de 0m 008. Hors œuvre, sa largeur est de 0m 285, et sa hauteur de 0m 365 ; dans œuvre, ses dimensions sont de 0m 270 de largeur et 0m 345 de hauteur.

Il est suspendu dans la ruche par deux pointes sans têtes, enfoncées dans la traverse supérieure. On pourrait encore le suspendre soit par une seconde traverse, superposée, soit, par le prolongement de la traverse supérieure elle-même ; mais nous ne conseillons pas et nous n'admettons pas pour nous-même ce mode de suspension, à cause du grave inconvénient qu'il présente d'offrir trop de surface à la propolisation.

En bas, deux petites pointes plantées dans les deux montants et faisant une saillie de 0m 007 maintiennent l'écartement du cadre à la paroi.

Quelle que soit la grandeur du cadre, il faut toujours ménager aux abeilles, dans la ruche, un espace suffisant pour circuler. L'intérieur d'une ruche doit avoir, en largeur, 1 centimètre et demi de plus que le cadre, de façon que chacun des montants soit à 7 millimètres et demi de la paroi. Également, l'espace nécessaire entre chaque cadre, pour loger les abeilles, est formé par des pointes sans tête, avec saillie de 0m 011, de sorte que les rayons sont espacés de 0m 035 de centre à centre.

Grenier à miel. — Le grenier à miel, ou hausse, est une caisse en bois fort, de la dimension de la ruche, munie de 14 cadres mesurant 0m 045 de centre à centre et 0^{m} 210 de hauteur sur 0^{m} 270 de largeur dans œuvre. La latte supérieure qui forme porte-rayon a 0^{m} 100 d'épaisseur et 0^{m} 035 de largeur. Une baguette d'un centimètre carré ferme exactement l'espace libre entre chaque cadre.

Au moment de la miellée, et alors que la colonie remplit déjà ses dix-huit cadres, on enlève le plafond mobile et on place cette hausse sur la ruche, de façon que l'une et l'autre ne forment plus qu'un seul corps d'habitation, en deux pièces, et deux rangées de cadres superposés.

Toiture de la Ruche. — La ruche est recouverte par une toiture en bois. Elle est formée de deux versants pour l'écoulement des eaux ayant chacun 50 centimètres de large sur 1 mètre de longueur.

Ruche Dadant

Monsieur Dadant est un excellent apiculteur français, établi en Amérique, et qui cultive plus de 300 colonies logées dans la ruche qui porte son nom.

Elle est toute en bois et mesure intérieurement [1] 0^{m} 420 de largeur, 0^{m} 320 de hauteur, et 0^{m} 490 de longueur. Ses cadres sont au nombre de onze: ils mesurent hors œuvre, 0^{m} 300 de hauteur, 0^{m} 475 de largeur et dans œuvre, 0^{m} 270 sur 0^{m} 460. La traverse supérieure sert de porte-rayon. Le cadre Burki est le seul d'ailleurs qui soit muni de pointes de support à la traverse supérieure et de pointes de séparation sur les côtés.

[1] *Petit cours d'apiculture pratique*, par Ch. Dadant.

Deux planches de partition permettent de restreindre la capacité de la ruche à volonté.

Le plateau est mobile.

Les cadres sont recouverts par une toile de coton écru bien serrée et forte, qu'on apprête en la plongeant dans une forte solution d'amidon cuit.

Elle est recouverte d'un chapiteau qui forme toiture.

En été elle peut recevoir une ou plusieurs hausses. Ce sont des caisses sans fond ni couvercle de 0 m 490 de longueur, 0 m 420 de largeur et 0 m 167 de hauteur à l'intérieur.

Les cadres de ces hausses ont intérieurement 0 m 135 de hauteur sur 0 m 460 de longueur, hors œuvre 0 m 160 sur 0 m 475.

Ruche Layens

Monsieur de Layens, l'inventeur de cette ruche, est un de nos bons maîtres en apiculture et des plus expérimentés. Les dimensions de son cadre reposent sur l'observation des mœurs des abeilles qui lui ont fait admettre comme principe que « Les abeilles hiverneront toujours mieux dans les ruches hautes que dans les ruches trop basses » et que « pour cette seule raison, dans les climats où l'hiver peut être long et rigoureux, les ruches très basses doivent être abandonnées, et d'autre part qu'une ruche trop haute est mauvaise pour la ponte de la mère au printemps[1] ».

[1] *Élevage des abeilles par les procédés modernes*, par Georges de Layens, p. 158 et suiv. Se trouve chez Aug. Goin, 2 rue des Écoles, Paris.

C'est d'après ce principe que l'observation lui a fourni que M. de Layens a posé les dimensions de son cadre et par là même de sa ruche.

Le corps de ruche est une caisse sans fond ni couvercle. Il mesure à l'intérieur 0 m 817 en longueur, 0 m 460 en hauteur, 0 m 350 en largeur.

Le cadre mesure 0 m 330 de largeur sur 0 m 410 de hauteur extérieurement et 0 m 310 sur 0 m 370 dans l'intérieur.

Comme pour la Dadant, à la traverse supérieure est clouée une seconde latte plus longue de 0 m 038 pour servir de porte-rayon.

Elle a deux portes de partition. Son plateau est mobile. Elle n'a pas de plafond et ses cadres sont couverts d'une toile peinte ou amidonnée comme ci-dessus.

Ces deux ruches sont très estimées dans le monde des apiculteurs. Nous préférons cependant le cadre Burki parce qu'il offre tous les avantages du cadre plus haut que large, qu'il est moins pesant et partant plus facile à manipuler. Les abeilles y hivernent très bien; nous n'avons jamais perdu une seule ruche par le fait du froid et, en été, nos colonies s'y développent aussi bien que dans la Dadant et la Layens qui nous servent à comparer les résultats. On verra à l'appendice un tableau qui permettra d'apprécier que l'on peut obtenir d'aussi beaux succès avec le cadre Burki qu'avec le Dadant ou le Layens.

CHAPITRE IV

Installation de la colonie dans la ruche

Votre ruche, faite à l'avance, pendant l'hiver, au moment où les mauvais temps de la saison vous retiennent au foyer sans ouvrage, vous attendez, si vous le voulez, que vos paniers vous donnent un essaim, à la fin de mai, ou au commencement de juin, et vous le recevrez et le ferez entrer dans la ruche de la manière que nous allons indiquer pour introduire un essaim obtenu par la *chasse*. Cependant nous ne conseillons pas d'attendre cette époque. Nous voulons que dès la première année, vous ayez la satisfaction de faire une récolte qui paiera votre installation et vous donnera en outre un bénéfice, si le temps est favorable.

Pour cela, par un *beau jour de soleil* d'avril, dans la première quinzaine, s'il est possible, choisissez dans votre rucher ou, si vous n'en avez pas, achetez à un de vos voisins un fort panier d'abeilles qui soit pesant et qui contienne une nombreuse population. Emportez-le au soleil, après l'avoir enfumé fortement, à dix ou vingt mètres des autres ruches, et mettez à la place qu'il occupait un panier vide, destiné à recevoir les abeilles qui vont revenir des champs, de peur que, ne voyant plus leur demeure, elles ne cherchent à pénétrer dans le panier voisin où elles trouveraient infailliblement la mort. Or, ménagez vos ouvrières : à cette époque de l'année, une abeille, au dire des meilleurs apiculteurs, est plus précieuse que dix en été.

Précautions à prendre. — Voile. — Enfumoir. — Avant de commencer, il faut pourtant se costumer pour éviter le danger des piqûres.

N'allez pas vous affubler de cette énorme robe en grosse toile, munie d'un capuchon de même calibre garni de toile métallique, vous allez en mourir de chaleur. Et pourquoi ces grosses mitaines. Allons, rien de tout cela.

Sur votre chapeau à larges bords faites adapter un voile de *tulle, noir de préférence*, toute autre couleur vous gênerait la vue : le noir permet de voir facilement même les œufs au fond des cellules. Nouez-le autour du cordon du chapeau, et autour du cou et vous voilà préservé. L'abeille n'a pas l'aiguillon si allongé qu'elle puisse toucher votre figure à dix centimètres de distance !

— Mais les mains ? — Eh bien ! vos mains laissez-les telles, — vous ne sauriez faire un travail convenable avec des gants. Allez-y rondement et ne craignez rien. Ne vous inquiétez ni du bourdonnement des abeilles ni de leurs allées et venues autour de vous ; n'essayez pas surtout de les éloigner en faisant avec la main le geste de les repousser, vous les rendriez plus agressives.

Cependant armez-vous de *l'enfumoir*. Il y en a de plusieurs sortes : le modèle américain Bingham, que nous recommandons particulièrement, est le plus commode. Il est très léger, et on peut le manœuvrer d'une main, tandis qu'on opère de l'autre. Il se compose de deux pièces : le soufflet et le fourneau. Ce dernier est muni d'une grille derrière laquelle l'air exprimé par le soufflet vient frapper le combustible allumé, chiffons, bois pourri ou autre — et projette la fumée par la cheminée qui est en avant sur le groupe des abeilles ou dans la ruche. — C'est un instrument indispensable pour la culture des abeilles.

M. de Layens a inventé un enfumoir automatique fort bien conçu mais qui malheureusement ne se trouve pas dans le commerce et dont le prix est par là-même trop élevé.

Comment on chasse les abeilles du panier pour les faire entrer dans la ruche. — C'est très simple. Il vous faut un autre panier vide et un ou deux bâtons de 0 m 50 de longueur environ.

Prenez le panier plein d'abeilles, culbutez-le la tête en bas, et placez maintenant dessus votre panier vide, l'ouverture sur l'ouverture du plein.

Vous pouvez aussi, si vous voulez, assister à l'ascension des abeilles, ce qui ne manque pas de charme et d'intérêt. Pour cela n'appuyez qu'un côté du panier vide sur l'un des bords du panier plein, en tenant l'autre côté un peu élevé, de façon à voir ce qui va se passer à l'intérieur. Il vous sera alors facile d'apercevoir la reine lorsqu'elle montera. Pour plus de célérité dans l'opération, il sera bon de mettre le panier vide en contact avec le panier plein, en l'appuyant sur le côté où les abeilles ont coutume d'entrer et de sortir.

Pendant qu'un aide soutient ces deux paniers superposés, frappez avec vos bâtons celui qui contient les abeilles, en commençant par en bas. C'est ce qu'on appelle le *tapotement*.

Entendez-vous comme vos abeilles, effrayées par ces coups, bourdonnent ? C'est *l'état de bruissement*, et c'est bon signe. Frappez toujours : pas trop fort cependant, pour ne pas briser votre panier : et puis vous pourriez, par de trop fortes secousses, faire retomber en bas les abeilles déjà montées, peut-être même la mère, et par là empêcher ou retarder la réussite.

Les abeilles montent doucement. La reine suit le gros de son armée et escalade à son tour le panier vide.

Il faut de dix à vingt minutes pour mener à bonne fin cette opération. Si vos paniers sont l'un sur l'autre, regardez de temps en temps ce qui se passe au-dedans en soulevant le panier de dessus, et, quand vous constatez que vos abeilles ont quitté leur demeure et s'y tiennent accolées les unes après les autres, enlevez-le et posez-le à terre, en attendant que vous ayez vidé celui qui ne contient plus que des rayons de cire. S'il y restait encore quelques abeilles, ne vous en inquiétez pas; faites-les tomber, avec une plume ou une brosse, près du panier où sont les autres: celles-ci, par leur bourdonnement joyeux, les inviteront à les rejoindre dans le nouveau logement.

On peut aussi frapper le panier contre terre, pour faire tomber celles qui y restent.

Comment on enlève les rayons du panier. — Emportez dans une chambre *chaude* le panier dont vous avez chassé les abeilles.

Il vous faut : 1° Un long couteau à tailler les ruches. Celui dont nous nous servons est plat à l'une des extrémités et large de 0 m 04, tandis que, à l'autre bout, il est à lame d'acier, recourbée à angle droit laquelle mesure 0 m 03 de long sur 0 m 007 de largeur, ce qui permet de la faire glisser entre deux rayons sans les endommager.

Avec le plat du couteau, nous decollons le rayon sur les côtés; avec la lame recourbée, nous le détachons au fond du panier.

2° Une pelotte de ficelle : n'employez pas de la ficelle trop petite, les abeilles pourraient vous la couper avant d'avoir soudé les rayons aux cadres.

3° Cinq ou six cadres pris dans la ruche.

Et maintenant, arrachez un à un du panier tous les rayons de cire, en commençant de préférence par les plus éloignés du centre : vous les détacherez du fond aussi profondément que vous pourrez, afin d'avoir des gâteaux le plus grand possible. Puis, coupez-les de la dimension des cadres, et installez-les dedans dans la même position qu'ils étaient dans le panier, c'est-à-dire la tête en haut. Aussitôt qu'ils y sont placés, entourez-les de ficelle, de façon à ce qu'ils ne puissent pencher ni à droite ni à gauche.

Il faut bien prendre garde de laisser refroidir le couvain. Aussi, il ne sera pas sans importance de ne faire reposer les rayons enlevés, en attendant qu'on les rende aux abeilles, que sur de vieilles couvertures de laine, où leur chaleur naturelle se conservera plus longtemps. C'est le cas, plus que jamais, de faire l'opération lestement et sans délai.

Vous trouverez rarement dans le panier de quoi remplir plus de six cadres, souvent vous n'en trouverez que quatre.

Quand ils sont prêts, vous les placez au centre de la ruche, dont vous avez enlevé tous les autres cadres vides; vous approchez les portes de partition de chaque côté contre les derniers cadres, et vous fermez.

Comment on installe les abeilles dans leur nouvelle habitation. — Portez la ruche, ainsi garnie de ses cadres pleins, au dehors, près du panier qui contient l'essaim, obtenu par la chasse. Ouvrez une porte, et arrachez la partition vitrée. Étendez un linge (un tablier par exemple) auprès de la ruche, de manière que celle-ci repose sur le bord du tablier. Prenez, par le sommet, le panier qui contient l'essaim, et frappez-le vigoureusement sur le linge pour y faire tomber les abeilles d'un seul coup.

Bien, les voilà tombées !

Soulevez vite les coins du linge afin de pousser le

groupe de ces petites bêtes dans leur ruche par la porte ouverte. Projetez un peu de fumée avec l'*enfumoir*, pour activer leur marche en avant, et attendez quelques minutes.

Attention ! La mère est-elle bien rentrée ? C'est un point capital qui mérite toute votre diligence. Après avoir fait tomber l'essaim sur le linge, il n'en reste pas moins quelques abeilles dans le haut du panier, et parfois la mère est de ce nombre. Regardez-y de près, et, quoi qu'il en soit, frappez encore le panier sur le linge, jusqu'à ce qu'il soit tout à fait dépeuplé.

Il peut arriver aussi qu'au lieu d'entrer directement dans le nouveau domaine que vous lui avez préparé, la mère recule et grimpe le long des parois extérieures de la ruche. Avec un peu de fumée, faites rentrer tout votre monde au logis.

Ne négligez pas non plus de jeter un coup d'œil par terre, afin de bien vous assurer que la reine n'y est pas.

Quand vos abeilles sont toutes entrées, remettez la porte vitrée que vous poussez jusqu'auprès du dernier cadre de couvain, puis la porte extérieure, et posez cette ruche ainsi peuplée à la place qu'occupait le panier que vous avez vidé.

Comment on peut mettre deux colonies ensemble dans une même ruche. — Comme nos ruches à cadres sont très grandes et que souvent on trouve peu d'abeilles dans les paniers en cloches que l'on transvase, il sera bon de mettre deux colonies ensemble. Le travail des abeilles en sera plus actif et la production plus abondante. Et nous conseillons d'en agir ainsi surtout aux commençants qui ont besoin d'être encouragés par le succès dès la première année.

Or, il n'est pas plus difficile d'installer deux colonies dans une seule et même ruche que d'en installer une : il y a cependant quelques précautions à prendre.

D'abord ne faites cette opération que le soir : Quoique nous l'ayons pratiquée quelquefois en plein jour et sans accident, nous ne conseillons pas d'en agir ainsi, à cause des dangers auxquels on s'expose.

Et maintenant voici comment vous devez procéder.

Chassez les abeilles des deux paniers par le tapotement, comme nous l'avons indiqué ci-dessus. Retirez-vous en chambre *chaude* pour extraire vos rayons des paniers et garnir vos cadres, et placez-les dans la ruche en ayant soin d'*intercaler un rayon d'une colonie, un rayon de l'autre* et ainsi des autres jusqu'à ce que vous les ayez rangés tous. Puis disposez tout pour l'introduction des essaims, posez le linge, ouvrez les portes d'un côté de la ruche, prenez l'un des paniers qui contient un de vos essaims, faites-le tomber sur le linge et projetez-le rapidement dans la ruche. Rabaissez le linge, saisissez le second panier, frappez-le par terre et faites entrer l'essaim comme le premier, puis fumez fortement et fermez vos portes.

Si vous remarquiez quelque bataille, vous enfumeriez encore jusqu'à ce que l'accord soit fait, ce qui n'est pas long.

Et c'est fini !

Vous en êtes quitte pour quelques piqûres peut-être ? La cause doit en être attribuée à votre inexpérience, car il est rare qu'on soit piqué en faisant un transvasement. Les abeilles dans cet état de bruissement sont inoffensives et, aussitôt l'opération commencée, on peut les traiter à visage découvert. Dailleurs, consolez-vous, une piqûre au début, c'est le métier qui entre.

Autant de fois vous aurez une installation à faire, autant de fois vous opérerez ainsi.

Et maintenant que vous ayez une ruche, ou que vous en ayez dix ou cent, la méthode de culture sera toujours la même.

De l'emplacement du rucher. — Il faut, à présent, faire choix de l'emplacement où vous allez mettre votre ruche et toutes celles qui ne tarderont pas à la rejoindre.

Ne cherchez pas à l'abriter entre quatre murs ; il y a un danger à les encaisser ainsi. En hiver et surtout au printemps, la température, dans un enclos restreint, peut, par un beau soleil, s'élever rapidement à 20° et 25° et plus, alors que la température réelle est inférieure à 10° ou 15°. Excitées et trompées par la douce chaleur qu'elles ressentent, elles s'élancent joyeuses au dehors, hélas ! pour ne plus revenir. Elles ont à peine quitté l'enclos, que la température réelle les saisit et les fait tomber dans les champs et sur les chemins pour ne plus se relever. C'est ainsi que des ruchers parqués entre quatre murs se dépeuplent au printemps et l'avenir de la récolte se trouve compromis.

Ne craignez pas de les mettre en plein air, dans un champ bien ouvert. Préservez-les seulement par une haie contre les mauvais vents qui règnent à certaines époques dans votre région, et tournez le trou de préférence vers l'Est ou le Sud-Est.

Ne choisissez pas non plus l'endroit où il y aurait eu précédemment un rucher dont les abeilles auraient péri. Elles pourraient être mortes de maladie contagieuse, et celles qui leur succéderaient pourraient contracter le même mal. Nous dirons plus tard quelles sont les maladies des abeilles.

Ne mettez pas votre ruche par terre. Outre que vous devez éviter pour elle l'humidité, l'apiculteur est moins à l'aise pour opérer. Prenez quatre bons pieux de bois de chêne que vous plantez à la place choisie : Vous les laisserez sortir de 50 centimètres de terre, vous les mettez de niveau et vous posez simplement la ruche dessus.

CHAPITRE V

Travaux du printemps

Principe. -- Il faut, pour obtenir de bons résultats qu'au commencement de la grande miellée, les ruches soient très fortes en population. Souvenez-vous que la victoire restera aux gros bataillons.

Plus vous avez d'ouvrières dans un établissement, plus vous avez de production.

Si, en effet, au moment de la récolte, votre ruche est peuplée de 80,000 abeilles, il est incontestable qu'elle donnera une récolte supérieure à celle qui n'aurait qu'une population de 40,000. — Bien plus, c'est un fait qu'une ruche de 80,000 abeilles donnera non pas deux fois, mais quatre fois plus de produit que deux ruches de 40,000. Une ruche de 60,000 abeilles donne, non pas trois fois, mais neuf fois plus qu'une ruche de 20,000. C'est un fait d'expérience que vous pourrez vous-même constater.

Comment on obtient une forte population. — Ce principe étant admis, il faut, pour y arriver, forcer la mère à multiplier sa ponte et exciter le travail des abeilles. Pour cela, il faut nourrir. Il y a deux sortes de nourriture : la nourriture d'approvisionnement et la nourriture stimulante.

1° *Nourriture d'approvisionnement.* — Si votre ruche manque de provisions au printemps, vous devez nourrir. Il en sera de même à l'automne, si vous constatez qu'elle n'a pas assez amassé pour passer l'hiver et arriver à la miellée, sans danger de famine.

Faites un sirop de sucre, que vous obtenez en faisant fondre sur le feu deux kilogrammes de sucre par litre d'eau, et vous le donnerez ensuite aux abeilles au moyen du *nourrisseur.* (Voir plus bas la description et l'usage du nourrisseur.)

Il faut environ 15 kilos de provisions aux fortes ruches pour suffire à leur entretien pendant l'hiver et à l'élevage du couvain au printemps, jusqu'au moment où les fleurs pourront alimenter la colonie. A vous d'apprécier par à peu près, suivant cette donnée, la quantité de provisions que contient la ruche, et d'après cet aperçu vous administrerez plus ou moins de nourriture. Ne craignez pas d'être généreux. L'abeille est un insecte économe et sobre, qui ne dépense jamais plus qu'il ne lui est nécessaire. Si vous lui donnez plus qu'elle n'a besoin, elle mettra le superflu en magasin, et vous le retrouverez transformé en miel au moment de la récolte.

2° *Nourriture stimulante.* — La nourriture ne doit plus être aussi fournie de sucre, s'il s'agit seulement de forcer la ponte de la mère. — Ce n'est plus que de l'eau sucrée, que l'on prépare en faisant fondre au feu un kilog. de sucre par litre d'eau.

Malgré les provisions abondantes que contient la ruche, l'apiculteur fera bien d'administrer cette nourriture à ses abeilles tous les soirs, en commençant six semaines environ avant la grande miellée qui a lieu, dans les contrées à prairies artificielles, vers le milieu ou la fin de mai, suivant la région qu'on habite.

Il faut faire cette distribution le soir, à la tombée de la nuit, parce qu'en nourrissant pendant le jour, vous courriez grand risque de faire piller votre ruche par les colonies voisines.

On la donne au moyen du nourrisseur, que l'on place sur la ruche dans le trou qui y est ménagé tout exprès dans le plafond. On le retire le lendemain, au milieu du jour, à moins que le sirop n'ait pas été absorbé entièrement, auquel cas vous le laisseriez, pour attendre que la provision ait été enlevée par les abeilles. Un verre de ce sirop tous les jours suffit pour le but à atteindre.

On pourrait, pour simplifier et éviter de l'ouvrage, ne nourrir que tous les deux ou trois jours; mais alors on augmenterait proportionnellement la dose de sirop.

La mère excitée par cette nourriture échauffante que ses filles lui administrent, multipliera sa ponte, et quand, à quelques semaines de là, vous constaterez, par l'examen des cadres de la ruche, que votre population a augmenté, vous ajouterez aux extrémités quelques cadres amorcés de brèche ou garnis de cire gaufrée, et vous en agirez ainsi chaque fois que les abeilles couvriront ces mêmes cadres placés près de la porte vitrée.

Jusqu'au moment de la grande miellée, n'ajoutez que deux ou trois cadres à la fois, parce que vous devez toujours craindre le refroidissement de la ruche par le retour subit du mauvais temps, ce qui arrive trop souvent au printemps.

Le nourrisseur. — *Manière de s'en servir.* — Le nourrisseur est un récipient carré, en fer-blanc, mesurant 0 m 20 sur chaque côté et 0 m 04 de hauteur, muni d'une douille de 0 m 032 de hauteur et 0 m 08 de diamètre. Cette douille est fermée par une feuille de fer-blanc percée de petits trous par où le liquide est absorbé par les abeilles. On y introduit le sirop par une ouverture de 0 m 02 de diamètre, fermant par une vis, et pratiquée du côté de la douille à l'un des angles du récipient.

Quand il est garni du sirop que l'on veut donner, on le tient de la main droite, prêt à renverser dans le trou de bonde. De la main gauche on soulève le bouchon du plateau, pendant que de l'autre on renverse le nourrisseur dont on introduit la douille dans le trou.

On place aussitôt le bouchon devant l'entrée des abeilles, afin de permettre aux ouvrières qui y adhèrent de rejoindre promptement leurs sœurs.

Si l'on préfère nourrir par le bas, on pourra se servir avec avantage d'un abreuvoir à pente douce, creusé dans le plateau (0 m 28 sur chaque côté et 0 m 006 de profondeur). Une ouverture de 0 m 014 de diamètre traverse la paroi postérieure de la ruche en bas et en haut de l'abreuvoir et sert à envoyer le sirop au moyen d'un entonnoir coudé dans le creux du plateau. Un clapet en tôle ferme l'ouverture au dehors.

Pour suppléer à cet abreuvoir, dans les ruches où il n'a pas été pratiqué, on peut se servir d'un plateau en fer-blanc ayant les mêmes dimensions que ci-dessus (0^{m} 28 sur chaque côté et 0^{m} 006 de profondeur). A l'intérieur, un petit cadre, fait de baguettes de bois mince, rabattues en pente douce en fait le tour et permet aux abeilles d'en sortir facilement. On le place au centre, en face de l'ouverture que l'on peut faire pratiquer à la ruche même quand elle est habitée, ou sinon, près de la porte vitrée, sous laquelle on le glisse en le laissant déborder en deçà de quelques centimètres, afin de pouvoir y verser le sirop sans déranger les abeilles, en ouvrant seulement la porte extérieure.

Comment on colle la brèche dans les cadres. — On appelle *brèche* les rayons ou morceaux de rayons de cire vides. Si vous en avez à votre disposition, vous pouvez vous en servir pour amorcer vos cadres, mais il faut avoir soin de bien choisir celle que vous voulez utiliser.

1° N'employez jamais celle qui proviendrait d'une colonie morte, à cause du danger auquel vous vous exposeriez de communiquer quelque maladie à vos abeilles.

2° Vous prendrez de préférence les rayons de couleur brune qui ont déjà contenu du couvain, parce que les rayons de cire blanche ou vierge se collent difficilement et se détachent très souvent sous le poids des abeilles.

3° Vous n'emploirez pas non plus les rayons de mâles à cet usage, mais exclusivement ceux d'ouvrières.

Et voici comment il faut procéder : découpez d'abord toute votre brèche de la dimension que vous voudrez. Vous pouvez ne lui donner qu'un ou deux centimètres de largeur si vous n'avez pas de plus grand morceaux. Puis faites fondre de la colle forte dans l'eau au bain-marie. Trempez-y vos morceaux un à un et appliquez-les rapidement à l'intérieur du cadre sous la traverse supérieure, que vous ne manquerez pas de garnir dans toute sa longueur. Si, en effet, vous vous contentiez de coller un morceau de quelques centimètres seulement à chaque cadre, vos abeilles vous produiraient des constructions irrégulières, à peu près comme si vous n'aviez pas amorcé.

On peut aussi les suspendre sous la traverse avec de la ficelle ou par du petit fil de fer comme celui par exemple qui sert à attacher la cire gaufrée. Les abeilles se chargeront de les coller, de les raccorder et de les continuer jusqu'à remplir le cadre.

Comme quoi il faut éviter la production des mâles et comment on y parvient. — Cette méthode d'amorcer simplement le cadre a l'avantage de n'être pas coûteuse, mais elle a, en revanche, le grave inconvénient de laisser aux abeilles toute facilité de bâtir des rayons à grandes cellules dans lesquelles, au printemps et en été, pendant la grande miellée surtout, la mère se hâtera de pondre des œufs de mâles. Or le mâle est un être presque inutile dans la ruche et si le nombre en est grand, ils deviennent nuisibles.

Gros mangeurs, ils consomment par jour, nous l'avons déjà dit, plus que trois ouvrières et ils ne rapportent rien. Se promener, manger et dormir, c'est là toute la vie de ces nouveaux rois fainéants. Aussi les abeilles se hâtent-elles de les mettre à mort lorsque la saison des essaims est passée et que la récolte manque. Mais en attendant ils ont dépensé et vécu aux frais de l'apiculteur.

Sans doute, le mâle est utile et nécessaire pour la fécondation des jeunes reines, mais il y en aura toujours assez dans la ruche pour cette fonction importante. Outre qu'un seul est nécessaire pour féconder une reine puisque cet acte unique suffit pour toute la vie de la mère qui ne convole jamais à de nouvelles noces, les abeilles savent en élever quelques-uns dans des cellules d'ouvrières. Parfois elles gâchent quelque coin de cire gaufrée où, malgré les empreintes, elles édifient de grandes cellules. L'apiculteur qui recherche une récolte aussi abondante que possible a donc tout intérêt à les supprimer. Dans une grande ruche, livrée à elle-même, ce n'est pas exagérer que de supposer deux ou trois cadres de mâles. Or, un décimètre carré de rayon contenant 530 cellules de mâles, en deux pontes, nous arrivons au chiffre très considérable de 20 à 25,000 mâles.

Si vous aviez mis de la *cire gaufrée* pour garnir ces trois cadres, vous auriez dépensé 1 fr. 50 environ.

et au lieu de ces 20 à 25,000 bouches inutiles, vous auriez obtenu par une ponte d'ouvrières de 30 à 40,000 travailleuses, un décimètre carré de cellules d'ouvrières en contenant 854.

Certains apiculteurs se contentent de leur couper la tête lorsque le rayon est operculé ; mais, à moins qu'il ne s'agisse de quelques cellules seulement, nous ne conseillerons pas ce procédé, parce qu'il est dangereux et qu'il n'obvie pas totalement à l'inconvénient signalé ci-dessus.

Il est dangereux, parce que, si la colonie n'est pas assez forte, les larves peuvent n'être pas enlevées assez vite des cellules, s'y corrompre et engendrer la loque.

Il ne remédie qu'en partie à l'inconvénient indiqué, puisque les abeilles ont dû nourrir les jeunes larves pendant six jours. Pourrait-on soutenir que cette dépense n'équivaut pas à l'achat de deux feuilles de cire gaufrée ?

Toutes ces raisons nous paraissent de nature à décider l'apiculteur à faire acquisition de cire gaufrée pour garnir ses cadres.

La cire gaufrée. — *Manière de la fixer dans les cadres.* — On donne le nom de *cire gaufrée, rayons gaufrés, feuilles gaufrées, fondation*, à des plaques de cire minces sur les deux côtés desquelles se trouvent imprimés des fonds de cellules d'ouvrières, dont les arêtes hexagonales forment saillie. Les abeilles achèvent l'ouvrage dans les dimensions qui leur sont tracées sur la feuille, et ainsi ne produisent que des rayons à cellules d'ouvrières.

Voici la méthode la plus expéditive que nous ayons trouvée pour fixer la feuille gaufrée dans les cadres.

Placez votre cadre renversé, la latte supérieure en bas, à plat sur une table : étendez votre feuille gaufrée horizontalement, en faisant entrer un des bords d'équerre jusqu'au milieu du porte-rayon auquel elle doit être fixée.

Ayez un couteau à lame arrondie à son extrémité, (un couteau de table par exemple) : faites chauffer légèrement, ni trop, ni pas assez : la pratique vous indiquera le degré de chaleur qu'il lui faut. Passez et repassez sur le bord de la feuille gaufrée qui repose sur le porte-rayon. Appuyez fortement le couteau, de façon que la cire, en s'applatissant, adhère parfaitement au bois. Redressez votre cadre dans son sens naturel ; votre feuille se trouve suspendue. Remarquez que si le couteau est trop chaud, il fondra la cire et coupera la feuille sans la coller ; s'il ne l'est pas assez, il ne pourra la faire adhérer assez bien, et lorsque vous redresserez le cadre, elle tombera. Mais l'expérience vous sera meilleure maîtresse que la plus exacte explication.

On placera ce rayon ainsi préparé entre deux autres régulièrement construits, et on donnera, à la visite suivante, un coup de pouce là où il pourrait y avoir une déviation. Évitez de le placer dans l'endroit le plus chaud de la ruche. Il est préférable de le mettre auprès de la porte de partition, là où les abeilles sont moins nombreuses et la chaleur moins intense.

Voici une seconde méthode moins économique, mais la plus répandue.

Avec une pointe ou une vrille, percez au milieu la latte du haut et du bas du cadre, et passez par ces trous un fil de fer mince étamé ou galvanisé, de façon que votre cadre se trouve divisé en trois ou quatre bandes égales.

Ayez une planche qui puisse entrer dans le cadre, à la moitié de son épaisseur. Placez dessus la feuille de cire gaufrée, puis votre cadre garni de fils de fer qui ainsi reposeront sur la gaufre ; chauffez l'éperon et faites-le courir sur chaque fil pour les faire pénétrer dans la cire. Versez avec une cuillère un peu de cire fondue le long du cadre, au moins en haut, pour y fixer la gaufre, et votre cadre doit être d'une solidité à toute épreuve.

Si cette méthode a cet avantage, elle a l'inconvénient de coûter plus cher que la première, qui est plus expéditive, plus économique, et donne des rayons aussi réguliers

Ruche orpheline. – Ruche faible. Si, à cette époque de l'année, une de vos ruches n'a pas de mère, ce que l'on constate par l'absence de couvain et d'œufs, il faut la réunir avec sa voisine. Vous feriez de même si elle était trop faible ; si, par exemple, à la fin de mai, vos abeilles n'occupaient encore que quatre ou cinq cadres de la ruche.

N'oubliez pas qu'une seule colonie rapporte deux

fois plus que deux autres qui auraient ensemble le même chiffre de population que la première.

Comment on réunit deux ruchées ensemble. — Quand on veut réunir deux ruchées ensemble, il faut pour réussir facilement et sûrement, les placer sous *la même impression* de crainte ou de satisfaction, et opérer rapidement.

Elles semblent sous une impression de satisfaction quand, en faisant la réunion, on asperge les abeilles de l'une et l'autre ruche d'eau sucrée qu'elles se hâtent d'absorber en se léchant mutuellement, sans songer au changement qui se fait dans leur existence. On peut aussi aromatiser l'eau avec de la fleur d'oranger, de l'essence de menthe, ou tout autre parfum qui leur communique la même odeur et les mette dans l'impossibilité de se reconnaître et de se traiter en étrangères.

Vous les mettrez sous l'impression de la crainte, de la manière suivante :

Enfumez vos deux ruches, puis ouvrez [1] l'une d'elles — n° 1, par exemple, — à laquelle vous désirez réunir le n° 2. Écartez les deux portes de partition, de façon à avoir de l'espace libre. Prenez le premier cadre entre vos mains, secouez-le brusquement — *un coup sec* — dans la ruche, de manière à faire tomber sur le plateau les abeilles qui couvrent

[1] Quand nous disons d'*ouvrir la ruche*, nous n'entendons pas parler des portes de côté, mais du plafond qu'il faut enlever. C'est presque toujours par le dessus que se font les opérations.

le rayon, et replacez votre cadre ; faites de même au second, au troisième, quatrième, et jusqu'au dernier, en ayant soin, lorsque vous les replacez dans la ruche, de les espacer assez pour pouvoir ensuite en mettre un entre deux.

Pendant que votre colonie grouille sur le plateau et semble se demander ce qui lui arrive, ouvrez vite le n° 2, écartez les partitions, prenez un cadre que vous apportez à la ruche n° 1, dans laquelle vous secouez aussi les abeilles par un coup sec, et vous le placez entre deux autres. Faites de même pour tous les cadres de la ruche n° 2, en faisant tomber, au fur et à mesure, les abeilles au fond de la ruche n° 1, au milieu de celles qui vont et viennent interdites sur le plateau.

De cette sorte, les cadres de l'une et de l'autre colonie se trouvent mélangés, ainsi que les abeilles qui, dans ce pêle-mêle général des êtres et des choses, ne songent plus à se faire la guerre. On se case comme on peut dans ce nouveau logement : pendant la nuit on fait connaissance, et le lendemain tout le monde est d'accord.

Ne vous inquiétez pas des deux reines. L'une d'elles périra. Nous avons toujours fait nos réunions de cette façon, quelquefois nous avons mis quatre et cinq petites colonies ensemble ; nous ne sommes jamais effrayé du sort des reines, et jamais nous n'avons eu d'orphelinat de ce fait.

Si cependant l'une des mères dont on réunit les familles était meilleure que l'autre, plus jeune ou plus féconde, il faudrait sacrifier la moins bonne, et, de peur qu'il soit fait un mauvais parti à celle qu'on désire sauver, il faudrait la mettre dans un étui, et ne lui donner sa liberté que le lendemain au soir, quand le calme sera bien établi à la maison.

NOTA. — L'opération devra avoir lieu le soir à la tombée de la nuit.

Il faut de préférence réunir ensemble les ruchées voisines, mais on peut aussi bien pratiquer cette opération sur des colonies distantes de quelques mètres et sans inconvénient appréciable.

Manière de faire adopter une reine. — Il faut d'abord vous faire un *étui*.

Prenez deux bouchons de liège autour desquels vous allez rouler un morceau de toile métallique non galvanisée et formerez ainsi un tube rond de dix à quinze centimètres de longueur. On doit faire en sorte qu'il soit bien fermé pour ne donner passage à aucune abeille, parce que la mère ne serait plus à l'abri, et serait bientôt massacrée.

Il ne faut pas que la toile métallique soit trop fine. Il est nécessaire que les abeilles puissent voir leur nouvelle mère pour s'y affectionner et lui donner à manger à travers les barreaux de sa prison.

L'étui préparé, il faut y introduire la mère que vous voulez faire accepter par l'une des extrémités que l'on referme au moyen du bouchon sans le serrer ni l'enfoncer trop. On le dispose de façon à pouvoir facilement l'enlever au moment voulu. L'autre au contraire sera solide et à demeure.

Ne mettez pas d'abeilles avec elle dans l'étui et évitez de lui laisser prendre froid. Elle y est très sensible.

Et maintenant allons à la ruche qui est orpheline ou dont la reine est à remplacer.

Dans ce dernier cas, il faut commencer par rendre la ruche orpheline en lui enlevant sa mère, parce qu'une colonie qui a une mère ne saurait en adopter une autre.

Cherchons la. Elle se tient presque toujours sur les rayons de couvain où elle fait sa ponte. Inspectez chacun des rayons, un à un, sur les deux faces et cela sans brusquerie et sans secousses et cependant assez vite, parce que la reine, qui fuit la lumière, aurait le temps de se cacher dans quelque recoin ou abandonnerait les rayons pour circuler soit sur le plateau, soit contre les parois de la ruche où elle est plus difficile à rencontrer.

Si vous avez parcouru tous les rayons sans la trouver, renouvelez l'inspection en commençant par le côté de la ruche où vous avez fini.

Que si vos recherches sont demeurées cette fois encore infructueuses, refermez la ruche pour revenir dans un quart d'heure. Le calme sera rétabli, les abeilles auront repris leur place et vous finirez par être plus heureux.

Quand enfin vous l'aurez découverte, vous la saisirez et la détruirez ou en ferez ce que bon vous semblera.

Reste à installer la nouvelle reine qui attend dans son étui qu'on veuille bien penser à elle.

Placez l'étui verticalement au plein milieu de la ruche, au-dessous du trou de bonde, entre deux cadres de couvain qui contiennent du miel dans leur partie supérieure. Vous égratignerez ce miel, s'il est operculé, afin que la mère puisse s'en nourrir elle-même pendant les premières heures jusqu'à ce que ses filles d'adoption l'aient acceptée et aient consenti à lui donner à manger à travers les mailles de la toile métallique.

Rapprochez les deux cadres, l'étui se trouve ainsi soutenu et serré entre eux, mais pas si fortement toutefois que l'on ne puisse retirer sans peine le bouchon du haut. Remettez le plafond pour fermer la ruche et laissez la colonie en paix jusqu'au *lendemain au soir*.

Pendant ce temps les abeilles, qui se croient toujours dans leur état normal, se précipitent d'abord sur l'étui comme de petites furies en cherchant à piquer cette nouvelle venue. Bientôt elles s'aperçoivent qu'elles n'ont plus leur mère ; on les voit s'agiter en tous sens, la chercher partout et comme en pleurant. Ne la trouvant plus elles finissent par se calmer et se grouper, quelques-unes au moins, autour de la nouvelle reine et les autres se remettent au travail.

Le lendemain au soir, à la nuit, vous donnerez donc la liberté à votre prisonnière. Mais ici encore soyez prudent et défiez-vous des nerfs de votre petit peuple. Aussi, enlevez la toiture *sans bruit ni secousses*. Retirez doucement le bouchon du trou de bonde — *n'employez pas la fumée* — saisissez entre les doigts le bouchon de liège qui ferme l'étui sans vous soucier des abeilles qui gravichonnent sur votre main ; arrachez-le, fermez le trou de bonde et replacez la toiture toujours *sans bruit*. Un coup donné à la ruche mettrait les abeilles en mouvement, la reine effrayée fuirait sur les rayons et son affolement pourrait être cause de sa perte.

Ne soyez même pas trop impatient de constater votre succès et n'ouvrez pas votre ruche avant trois ou quatre jours. Laissez d'abord les abeilles s'accoutumer les unes aux autres, tout n'en vaudra que mieux.

Cette méthode est aussi simple que possible et réussit infailliblement. S'il s'agissait de faire adopter une mère Italienne à une ruche de race noire, il serait prudent d'attendre quarante-huit heures avant de la mettre en liberté.

A quels signes on reconnait qu'une ruche est orpheline. — On dit qu'une colonie est *orpheline* quand elle a perdu sa mère. Ce fait se produit encore de temps à autre dans un grand rucher et il est d'une grande importance de savoir reconnaître cet état pour y porter un prompt remède.

La colonie orpheline présente quelques signes extérieurs qui révèlent son état.

Les abeilles éprouvent, pendant tout le temps de l'orphelinat, une sorte de chagrin ou désespoir qui se manifeste par leur *affolement* ou par des *cris plaintifs* auxquels un apiculteur exercé ne saurait se méprendre. Avec un peu d'habitude on parvient à découvrir l'orphelinat en parcourant simplement son rucher et en prêtant l'oreille au bourdonnement des colonies.

Il est vraiment touchant d'assister, non pas à l'inhumation, mais à l'*expulsion* de la ruche, du corps d'une reine qui vient de mourir. Pendant qu'elle est entraînée lentement au dehors par un petit groupe d'ouvrières qui, chemin faisant, la caressent, la lèchent, et semblent vouloir, par leurs soins, la disputer au tombeau, à l'intérieur on entend retentir les petits cris plaintifs de ses filles, qui ne la laissent emporter qu'à regret. Nous n'avons jamais assisté à des scènes de cette nature sans en éprouver une véritable émotion.

L'*affolement* est aussi un signe d'orphelinat. Les abeilles vont et viennent de tous côtés, sur la planchette de vol, sur les rayons, contre les parois de la ruche, au point qu'on les compare volontiers à ces malheureux à qui un danger ou la douleur fait perdre la tête.

A l'intérieur, si vous visitez la ruche, les abeilles ne se tiennent pas groupées comme une colonie à l'état normal, mais elles exécutent sous vos yeux une course vagabonde, avec un bourdonnement significatif. Regardez dans les cellules, dans la belle saison, s'il n'y a pas d'œufs fraichement pondus, et s'il y a des larves non operculées, vous pouvez déterminer, à quelques jours près, la date de la mort de la reine.

Ce que devient une ruche orpheline. — S'il n'y a pas d'œufs ou de larves non operculées dans la ruche lors du décès de la mère, la colonie est destinée à périr. Si elles ont des provisions, elles les gaspillent; si les voisines viennent chez elles, elles ne se défendent pas et se laissent piller et massacrer ; si enfin l'orphelinat se produit dans la belle saison et persévère sans espoir d'en sortir, des ouvrières essaieront de tenir lieu de mère et se mettront à pondre. Mais leurs œufs, comme ceux de la mère non fécondée, ne produisent que des mâles. On les appelle des *ouvrières pondeuses*. Une telle ruchée ne peut pas vivre longtemps dans ces conditions, il faut la réunir à une autre.

Si, au contraire, la mère est morte pendant le cours de sa ponte, après avoir donné libre cours à leur peine, les abeilles adoptent un œuf ou une larve — la plupart du temps elles en adoptent plusieurs, un plus ou moins grand nombre, suivant la force de la population. — Elles agrandissent alors la cellule, donnent à la larve choisie une nourriture abondante et substantielle, appelée *bouillie royale*, et élèvent elles-mêmes celle qui bientôt sera leur reine. Elle naîtra du onzième au seizème jour, selon l'âge de la larve ou de l'œuf adopté.

CHAPITRE VI

La grande miellée, l'essaimage et la récolte

La grande miellée venue — c'est, dans nos contrées du Centre et dans bon nombre de départements en France, l'époque de la floraison du sainfoin — vous soignerez votre ruche suivant le but que vous voulez atteindre.

Ou vous cherchez à obtenir le maximum de récolte possible ou bien vous désirez augmenter le nombre de vos colonies sans faire de nouvelles acquisitions, ou bien enfin vous voulez faire une récolte et augmenter en même temps votre rucher.

Il ne faut pas espérer avoir d'une même ruche et son maximum de récolte et des essaims. Les deux sont incompatibles. En effet, 1° une colonie qui se prépare à essaimer manque d'activité dans les jours qui précèdent le départ et par conséquent perd un temps précieux puisque l'essaimage a lieu au moment de la grande miellée.

2° En partant, le groupe qui émigre emporte des provisions pour plusieurs jours, ce qui diminue déjà les réserves de la *souche* [1] mère.

[1] On appelle *souche* la colonie qui a produit l'essaim.

3° La ruche qui a jeté l'essaim se trouve affaiblie d'autant, et ayant moins d'ouvrières, elle donnera une récolte inférieure en proportion. Cela est évident : moins il y a de travailleurs dans une fabrique moins il y a de production.

Ce qu'il faut éviter pour obtenir le maximum de récolte possible. — Pour obtenir d'une ruche ou d'un rucher entier le maximum de récolte possible il faut de toute nécessité empêcher l'essaimage autant que faire se pourra. Or, en règle générale, les abeilles essaiment parce que la place leur manque pour l'élevage du couvain et l'emmagasinage du miel. Donnez-leur donc à temps de la place autant qu'elles peuvent en avoir besoin et vous aurez peu ou pas d'essaims. C'est ce qui arrive avec nos grandes ruches. Nous n'avons presque jamais d'essaims primaires et rarement des essaims secondaires. Tout le secret pour obtenir ce résultat est d'avoir de grandes ruches et de les agrandir au moment voulu et au fur et à mesure des besoins de la colonie. Aussi quand le corps de ruche sera au complet, garni de ses dix-huit cadres occupés par les abeilles, et que vous verrez par les portes vitrées le miel briller au fond des cellules des derniers cadres, vous enlèverez le plafond et placerez de suite le grenier avec ses quatorze petits cadres remplis de cire gaufrée ou de rayons construits de préférence. Les abeilles monteront y déposer la récolte pendant que la mère en bas continuera sa ponte sans être gênée par l'apport du miel et du pollen. De cette façon la reine aura toujours de la place pour pondre, les ouvrières des cellules vides pour emmagasiner leur récolte et personne ne songera à déménager.

Mais faites en sorte d'*agrandir à temps*, et pour cela ne craignez pas de leur donner un peu plus de place qu'elles n'en ont besoin, parce que si la rage d'essaimage s'est déjà emparée de la colonie, elle essaimera malgré vous et tous vos efforts ne réussiraient qu'à prolonger le désarroi dans la ruche. D'ailleurs, à cette époque, nous n'avons plus à redouter les brusques retours du froid.

Au prix où sont encore les colonies en ruches vulgaires et les essaims des fixistes, il y a tout avantage à en acheter plutôt que de laisser démembrer une ruchée par l'essaimage.

Les fixistes soutiennent quelquefois le contraire et admettent que l'activité de l'essaim est telle dans les premières semaines qui suivent son émigration qu'il compense par son apport et sa valeur individuelle la perte que l'on éprouve du côté de la souche.

Quoi qu'il en soit de cette théorie que les mobilistes contredisent, nous ne conseillons l'essaimage qu'autant que l'on en a besoin pour augmenter le rucher ou remplacer des colonies disparues.

Essaimage. — Si vous voulez augmenter votre rucher sans faire aucune dépense, il faut sacrifier une partie de la récolte en laissant l'essaimage se produire naturellement ou en le provoquant artificiellement.

1° *Essaimage naturel.* — Quand, dans une ruche au moment de la grande miellée, par le fait de l'accroissement de la population et de la récolte, la place vient à manquer, les abeilles à l'étroit songent à fonder une nouvelle colonie, et pour cela elles commencent à élever des mères dans de grandes cellules royales, et, quelques jours avant la naissance de la première, la vieille reine quitte la ruche avec une partie de ses filles. C'est ce que l'on appelle un *Essaim primaire.* Cet essaim se pend la plupart du temps à une branche d'arbre où l'apiculteur doit le recueillir. Inutile d'indiquer ici la manière de procéder, chacun l'ayant vu faire ou en ayant connaissance par expérience. Il n'y a pas de méthode infaillible pour arrêter un essaim : on peut cependant avec avantage lui lancer de l'eau en simulant une petite pluie, ou à la place d'eau, employer la poussière, le sable, etc., etc.

On est généralement d'accord pour affirmer que le bruit qu'on fait en frappant sur des instruments sonores lors du départ de l'essaim n'a pas d'influence sur les abeilles. Mais nous sommes d'avis qu'un apiculteur ne doit pas négliger ce moyen au moins pour faire acte de propriétaire, et ainsi avoir le droit d'aller le réclamer partout où il ira se reposer. L'essaim est à vous si vous le poursuivez ; mais si vous l'abandonnez, il est à celui qui le trouve et s'en empare.

Si l'essaim après s'être balancé quelques minutes en l'air ou même s'être groupé quelque part, rentre à la ruche, c'est signe ou que la reine n'est point sortie ou qu'elle s'est perdue en tombant à terre.

Si la mère n'a pas suivi l'essaim, celui-ci repartira de nouveau le lendemain. Si la mère s'est perdue il ne sortira plus qu'avec la jeune reine qui naîtra la première, sept ou huit jours après.

On l'appelle alors *essaim secondaire*. Il est accompagné d'une jeune mère non fécondée, quelquefois de plusieurs. Mais, dans ce dernier cas, dès le jour même ou dans la nuit au plus tard, les abeilles font leur choix et une seule demeure maîtresse à la maison.

On peut empêcher l'essaim secondaire en supprimant dans la ruche tous les alvéoles royaux, sauf un.

L'essaim est encore appelé secondaire quoiqu'il n'ait pas été précédé d'un essaim primaire, lorsque la vieille mère étant morte, il sort avec la jeune reine, née la première. Il arrive même que cet essaim secondaire est tout de surprise : il a lieu inopinément, lorsque la jeune reine sort la première fois pour la fécondation — *Voyage de noces*.

La ruche pourrait jeter encore un troisième essaim : *essaim tertiaire*, et d'autres parfois, mais alors ils sont petits et ne sont bons qu'à réunir avec d'autres. Encore est-il préférable de les rendre à la souche qui, épuisée, ne peut plus ni faire ses vivres, ni passer l'hiver.

On pourrait, s'il s'agissait d'une excellente race d'abeilles, utiliser les alvéoles royaux pour remplacer des reines trop vieilles ou peu fécondes. C'est une bonne méthode, mais qui a le grave inconvénient d'exposer l'apiculteur à des mécomptes fâcheux. Presque toujours un certain nombre d'alvéoles royaux operculés, parfois un tiers, ne contiennent que des reines mortes avant de naître, et si vous avez le malheur de donner une de ces cellules royales, votre ruchée éprouvera tous les inconvénients de l'orphelinat.

Pour utiliser un alvéole, on le découpe avec une lame mince de couteau tout autour, en forme de petit carré de trois ou quatre centimètres de côté, et après avoir rendu orpheline la ruchée dont on veut changer la mère, on fait dans un des rayons de couvain un trou de même dimension pour y faire entrer le morceau où se trouve l'alvéole royal sans le presser avec la main pour ne pas nuire à la jeune mère en formation. Il est nécessaire de le préserver contre la colère des abeilles en l'emprisonnant sous une toile métallique enfoncée dans le rayon. On donne la liberté à la mère aussitôt qu'elle est née, en enlevant cette toile.

2° *Essaimage artificiel.* — Il est préférable de ne pas attendre que votre ruchée essaime d'elle-même parce que vous pourriez être déçu dans votre espérance. Aussi nous vous conseillons de faire vos essaims vous-même : c'est ce que l'on appelle l'*essaimage artificiel.* Il doit avoir lieu au commencement de la grande miellée ou quelques jours avant. Il vous faut pour cela deux ruches fortes en population, et une ruche vide que vous voulez peupler.

Voici comment vous opérez :

A l'une des deux ruches pleines, prenez quatre cadres de couvain et sa reine, que vous mettez dans la ruche vide. Enlevez de sa place la ruche essaimée et portez la à la place de la seconde ruche, forte comme elle, et cette dernière, mettez-la à n'importe quel endroit du rucher.

A la place de la ruche essaimée, mettez la nouvelle ruche qui contient les cadres de couvain et la reine : ajoutez quelques rayons aux extrémités et votre essaim est fait. Vous n'aurez plus à vous en occuper, si ce n'est que vous agrandirez au fur et à mesure que sa population augmentera et que vous devrez veiller sur elle comme sur le reste du rucher.

Il ne faut pratiquer ces opérations que sur des ruches très fortes et *par un beau temps, vers le milieu de la journée*.

Une autre méthode d'essaimage artificiel consiste à n'enlever à celle qui doit donner l'essaim qu'un cadre de couvain avec sa reine que l'on place dans la ruche vide. On met à contribution trois ou quatre ruches fortes pour un cadre de couvain sans abeilles chacune que l'on ajoute au premier, ainsi que trois ou quatre cadres garnis de cire gaufrée. Le tout est mis à la place de la ruche qui a fourni la mère et celle-ci est transportée à une place vide du rucher.

CHAPITRE VII

Récolte. — Hivernage

Quand faut-il faire la récolte. — Avec la ruche à cadres mobiles, on peut faire deux ou trois récoltes dans le cours de l'été, suivant l'importance de la miellée.

Tout dépend de la flore de la contrée qu'on habite et du temps favorable. Dans les pays à prairies artificielles, on fait la première récolte aussitôt après la floraison du premier sainfoin. Quand le fermier ou propriétaire le fait abattre, l'apiculteur ouvre ses ruches et prélève sa part sur les provisions.

Manière de faire la récolte. — Il vous faut d'abord une *caisse* propre à recevoir les rayons de miel que vous prendrez à vos colonies; elle doit être construite de manière que les cadres puissent s'y tenir suspendus comme dans la ruche, pour éviter qu'ils ne se froissent en s'appuyant les uns contre les autres. Elle sera fermée soit par un couvercle en bois jouant sur charnières, soit, pour plus de commodité, par une couverture de laine, ou de toute autre étoffe qui empêche les abeilles étrangères d'y pénétrer.

Vous la ferez assez grande pour contenir les quatorze cadres du grenier et une dizaine de grands cadres.

Il vous faut encore deux autres couvertures (serviettes ou tabliers) dont la destination vous sera indiquée tout à l'heure, la brosse à abeilles ou un plumeau, la raclette pour décoller ou faire jouer vos cadres et nettoyer, s'il était besoin. Votre aide a allumé l'enfumoir. Il fait un beau soleil ; les abeilles butinent aux champs ; mettez votre voile et partons.

Arrivé auprès de la ruche, *en arrière ou sur les côtés toujours, mais jamais en avant, devant l'entrée des abeilles,* culbutez la toiture et commencez par le grenier. Avec la raclette, vous soulevez et enlevez au milieu trois ou quatre des petites baguettes qui maintiennent l'écartement des cadres, pendant que votre aide projette un peu de fumée dans l'intérieur par les ouvertures pour chasser les abeilles et les maîtriser.

Arrachez ce premier cadre : il est plein de miel peut-être ; secouez-le au-dessus de la ruche pour faire tomber les abeilles qui y adhèrent ; donnez quelques coups de brosse secs pour en détacher celles qui y tiennent encore, pendant que votre aide fait fonctionner l'enfumoir et vous préserve des piqûres. Ce cadre débarrassé d'abeilles, placez-le dans la caisse et recouvrez-la aussitôt de peur des pillardes ; agissez de même pour tous ceux qui contiennent du miel, puis, le grenier vidé, enlevez-le et posez-le par terre ; cachez-le avec une des couvertures apportées afin que les abeilles voisines ne viennent pas le visiter, attirées par sa bonne odeur, et ne donnent le signal du pillage.

PLACE OCCUPÉE PAR LE LECTEUR : N° ....

NOM ET ADRESSE du LECTEUR. — M. .... Rue ....

OUVRAGE DEMANDÉ.

AUTEUR: ....

TITRE: ....

....

....

Lieu de publication : ....

Date de publication. .... Format : ....

POUR ACCÉLÉRER LA RECHERCHE, indiquer autant que possible *la cote d'inventaire ou de catalogue.* ....

6°55-B. t. I.-1905. [1071]

RECHERCHES FAITES.	OBSERVATIONS.
Au Catalogue :	
En place :	
A la réserve :	

Après quoi attaquez-vous au corps de la ruche. Étendez d'abord sur ses cadres la deuxième couverture pour n'avoir affaire qu'aux abeilles du cadre que vous enlevez et n'être pas gêné par les autres. Écartez d'un côté la porte vitrée, ou même retirez-la si elle vous embarrasse, puis procédez à l'extraction des cadres comme vous l'avez fait pour ceux du grenier, mais ne touchez pas à ceux où vous voyez du couvain.

Quand vous avez enlevé tous les rayons de miel vous fermez la ruche et vous les portez à l'atelier, c'est-à-dire dans une *chambre close*, pour les passer à *l'extracteur*.

Comment on obtient le miel sans briser la cire. — Il vous faut un *Extracteur*. Cet instrument est composé d'une cuve dans laquelle tourne, au moyen de poulies ou d'engrenage, une caisse ou cage à deux, quatre, six ou huit pans, entourée de toile métallique forte et à mailles d'un centimètre environ. Cette cage est destinée à recevoir les cadres de miel préalablement désoperculés. Le miel alors, projeté en dehors des cellules par un rapide mouvement giratoire qui lui est imprimé, tombe dans la cuve et s'écoule par un robinet dans un vase préparé à cet effet.

Voici comment on procède :

Enlevez sur toute la surface des rayons, avec un couteau bien tranchant, la petite croûte de cire qui renferme le miel dans les cellules ; puis placez les cadres dans l'extracteur, la tête en bas, appuyés contre la toile métallique. Vous pouvez dès lors faire tourner, mais lentement en commençant, et quand les rayons sont déchargés d'une partie de leur miel, vous arrêtez et changez les cadres de face, pour vider l'autre côté. En un mot, vous devez tourner de façon à faire sortir le miel des cellules, en évitant de briser le rayon ; ce qui arriverait si l'on imprimait un mouvement trop rapide à l'extracteur. La pratique vous indiquera mieux comment il faut faire, que tout ce que nous pourrions vous dire ici.

Les rayons ainsi vidés sont aussitôt rendus à la ruche à laquelle on les a pris et c'est là l'immense avantage de ce système de culture.

L'apiculteur ne détruit pas les rayons après la récolte pas plus que le laboureur ne démolit sa grange quand il a vendu son grain, pas plus qu'il ne brise sa charrue quand il a travaillé son champ. Les abeilles n'ayant donc pas besoin de construire de nouvelles cellules pour l'élevage du couvain ou l'emmagasinage de leur butin, il en résulte une très grande économie de temps et de matériaux qui vous permettent de faire deux et trois récoltes, suivant le pays que vous habitez, si la température est plus ou moins favorable.

Le pillage.— Ses causes.— Manière de l'arrêter. — Une ruchée où le pillage se déclare est une ruchée perdue si elle n'est pas promptement secourue. On s'expose à cet accident si, en travaillant une colonie, on laisse la ruche ouverte trop longtemps. L'odeur de cire et de miel qui s'en exhale et le bruissement de la colonie ne manquent pas d'attirer quelques abeilles du voisinage qui vont et viennent d'abord autour de l'apiculteur, produisant un bruit strident très significatif, puis se posent sur le rayon qu'il tient à la main ou pénètrent dans la ruche, s'y gorgent de miel sans être trop inquiétées, l'emportent chez elles et ne tardent pas à revenir accompagnées de quelques-unes de leurs sœurs auxquelles elles semblent avoir donné le mot d'ordre et qu'elles amènent à l'endroit où elles ont pu voler impunément.

Parfois aussi, et à toute époque de l'année, le même fait peut se produire si la colonie est trop faible, si ses cadres sont plus nombreux qu'elle ne peut en occuper, si un gâteau de miel s'est effondré, si la nourriture lui est administrée d'une manière intempestive ou si le sirop a coulé au dehors : les abeilles étrangères pénètrent alors par le trou de vol, en petit nombre d'abord, en masse ensuite, pillent tout le miel qu'elles y trouvent, et massacrent celles qu'elles ont indignement dépouillées.

Mais le pillage est encore plus à craindre au moment de la récolte, surtout si la miellée a cessé. En septembre spécialement les abeilles ne trouvent presque plus de miel dans les fleurs et ne pouvant plus s'occuper aux champs, on les voit rôder, quelques-unes au moins, autour des ruches, cherchant à s'y introduire. Un petit morceau de rayon tombé à terre, quelques gouttes de miel qui auront coulé au dehors suffisent alors pour allécher leur cupidité et les rendre malhonnêtes et méchantes.

Le pillage est *déclaré* quand il y a bataille à l'entrée de la ruche. La planche de vol est encombrée d'abeilles qui luttent corps à corps, ramassées en boule les unes sur les autres et cherchant à se piquer mutuellement. Auprès de la ruche, où gisent les mortes et les mourantes, on voit les blessées se traîner péniblement sur leurs pattes de devant, incapables de se servir de celles de derrière, pour aller expirer quelques pas plus loin.

Avec la ruche à cadres mobiles, le pillage peut être évité et assez facilement arrêté s'il est commencé.

Pour l'éviter, il faut se garder de commettre toutes les petites imprudences dont nous venons de parler. L'apiculteur doit toujours opérer rapidement, quoique sans brusquerie, et ne laisser traîner ni rayons ni sirop, ni miel à la portée des abeilles, et quand il fait la récolte, il doit avoir la précaution de fermer l'entrée de la ruche presque complètement, ne laissant qu'un passage suffisant pour une ou deux abeilles.

Si par une cause quelconque, le pillage était déjà déclaré, il faudrait avant tout éloigner la cause qui l'aurait produit, si elle est connue et si cela est possible. Dans tous les cas, il faut se hâter de fermer l'entrée, comme nous venons de dire, et asperger la planche de vol avec de l'*acide phénique* que l'on peut se procurer dans toutes les pharmacies et dont il faut toujours avoir un flacon en réserve. On le prépare en en faisant dissoudre 40 grammes dans un litre d'eau. L'acide phénique de qualité inférieure est préférable parce qu'il contient une certaine quantité d'acide carbolique que les abeilles ont en horreur.

Si toutes ces précautions ne suffisaient pas, il faudrait fermer *totalement* l'entrée de la ruche, puis cinq minutes après, l'ouvrir quelques secondes, l'espace de temps nécessaire pour laisser passer le flot d'abeilles qui se précipitera au dehors, et refermer aussitôt ; répéter cette opération une deuxième et troisième fois afin qu'il ne reste plus d'abeilles étrangères dans la ruche ; après quoi on referme pour n'ouvrir que quelques heures plus tard quand les pillardes ne voltigent plus autour de l'entrée et que la colonie a repris conscience d'elle-même : mais on ne lui laissera libre pendant quelques jours que le passage nécessaire pour une ou deux abeilles.

Comment on conserve le miel. — Ne mettez jamais le miel à la cave, parce qu'il s'y imprègne rapidement de l'humidité qui l'environne, et, délayé, il fermente. Nous avons vu, même chez des épiciers qui par profession devraient savoir conserver leur marchandise, du miel fermenté parce qu'on le tenait à la cave. N'est-ce pas le cas de dire qu'il y a plus d'acheteurs que de connaisseurs ? Le miel qui fermente se ramollit à la surface, il se soulève comme du levain et si on le goûte il est aigre. Un miel pur bien conservé au lieu de devenir liquide, durcit comme la pierre, au point de forcer l'instrument avec lequel on veut l'extraire.

Mettez votre miel, *bien bouché* dans un endroit *frais* et *sec*, et il se conservera longtemps. Bouché hermétiquement et sans contact avec l'air, il se conserverait indéfiniment.

Au printemps, le miel qui n'est pas bouché hermétiquement a toujours tendance à la fermentation.

Mais s'il est dur, le dessus seul est atteint. Pour enrayer le mal, il faut enlever la partie détériorée, puis mettre à la place du miel liquide, du nouveau de préférence si c'est possible, et l'on n'a plus rien à craindre jusqu'au printemps suivant.

Comment on fait la cire. — Il y a différentes méthodes de fondre la cire, mais nous conseillons au petit apiculteur de s'en tenir, pour le moment, à la vieille méthode qui consiste à la faire fondre dans un four chaud, après que le pain en a été retiré. On entasse les rayons dans un panier d'osier que l'on place au dessus d'une terrine au fond de laquelle on a mis un litre d'eau. Le four fermé, la cire fond doucement en se séparant de ses impuretés et tombe dans le plat ou la terrine disposée dessous.

Vin de miel ou hydromel. — Avant de mettre vos débris de cire au four, pour les fondre, jetez-les dans une terrine, avec de l'eau en proportion convenable, et laissez dissoudre pendant vingt-quatre heures le miel dont les débris sont imprégnés. Le lendemain passez le tout au tamis. Vous obtenez ainsi de l'eau sucrée que vous mettez en lieu chaud, dans un vase ou fût quelconque où elle commencera bientôt à fermenter, pour se transformer en hydromel ou vin de miel, comme le jus du raisin fermente dans la cuve pour devenir du vin.

Les peuples du nord, qui n'ont ni vin, ni cidre, boivent beaucoup d'hydromel. C'est une boisson très hygiénique qui n'est pas à dédaigner, quand elle est bien préparée. Plus il y aura de sucre, plus elle sera riche en alcool. Il suffit de 250 à 300 grammes de miel par litre d'eau, pour obtenir un hydromel de huit à neuf degrés. Un miel qui commencerait à fermenter peut être utilisé de cette façon, et il faudrait traiter ainsi tous les produits de qualité inférieure qui ne trouvent pas acheteur au-dessus d'un franc le kilo. On obtiendrait par ce procédé un vin assez généreux au prix modique de vingt à vingt-cinq centimes le litre.

C'est par la méthode de M. Gastine [1] que nous avons fait le meilleur hydromel. Voici le procédé :

Après avoir mélangé et dilué 250 grammes de miel par litre d'eau, on fait bouillir le tout quelques minutes dans un chaudron (la chaudière d'un alambic par exemple) afin de tuer tous les germes de ferment, contenus dans le miel, puis on verse cette dissolution chaude dans le tonneau où elle doit être soumise à la fermentation. Quand elle est refroidie on ensemence ce liquide par un ferment nouveau, de préférence du moût de raisin ou de la levure de vin. Les qualités des vins, d'après M. Pasteur, dépendant des levures spéciales qui président à leur fermentation, on peut donc modifier sensiblement le goût de l'hydromel et même lui communiquer un bouquet particulier suivant la levure ou le moût de raisin que l'on aura choisi pour féconder le liquide mielleux. Un litre ou deux de moût de raisin suffisent pour ense-

[1] Voir *Causeries sur la culture des abeilles*, par M. Froissard, p. 128.

mencer un hectolitre. Mais le miel manquant de sels nutritifs il faut ajouter au liquide la composition suivante :

Phosphate d'ammoniaque....	100	1,374
Bitartrate de potasse..... ...	600	
Tartrate neutre d'ammoniaque.	350	
Magnésie..................	20	
Sulfate de chaux............	50	
Chlorure de sodium.........	3	
Soufre.....................	1	
Acide tartrique......... ...	250	

Ces sels doivent être parfaitement pulvérisés et réduits en poudre impalpable. On les mêle au liquide à la dose de 1 kilog. par hectolitre.

Eau-de-vie de miel. — L'eau-de-vie de miel se fait avec l'hydromel. Quand votre eau miellée est devenue vin de miel par la fermentation, vous pouvez brûler à l'alambic et vous obtenez, si la distillation est bien faite, une eau-de-vie de miel qui rivalise avec le vrai cognac ; au moins peut-on dire qu'elle tient le premier rang après lui. Pour avoir une bonne eau-de-vie il faut que l'hydromel pèse aux environs de huit degrés d'alcool. S'il était trop fort l'eau-de vie aurait un goût désagréable qu'elle ne perdrait que dans une seconde distillation.

Le choix de l'alambic et la manière de diriger la distillation sont de la plus grande importance. Nous nous servons depuis plusieurs années de l'alambic Deroy à joint hydraulique et chapiteau rectificateur, qui nous a toujours donné les meilleurs résultats. La distillation doit être menée lentement, à feu modéré, mais continu.

Les éthers qui sortent au commencement et les huiles empyreumateuses qui viennent à la fin quand l'eau-de-vie descend au dessous de 40° centésimaux ne doivent pas être mélangés avec ce que les distillateurs appellent le cœur de l'opération. Il faut les réserver pour les soumettre à une seconde distillation, afin d'avoir un produit de premier choix qui pourra se vendre un bon prix. Il faut environ 1 kilog. 500 de miel pour faire un litre d'eau-de-vie à 50°.

Pour réduire l'eau-de-vie de miel à 50°, il faut l'allonger avec de l'eau de pluie ou de l'eau distillée, ce qui vaut mieux. Si après avoir été ainsi diluée, elle a pris une teinte bleuâtre, c'est que la distillation a été mal faite ou qu'elle n'est pas exempte d'huile empyreumateuse. On peut alors la coller avec une composition que l'on trouve chez tous les marchands d'alcool.

Mise dans un fût de chêne neuf, exposé à une température élevée, au grenier par exemple, pendant l'été, elle prend une couleur jaune naturelle et gagne vite en qualité, ce qui compense largement ce qu'elle perd en quantité par l'évaporation.

Vinaigre de miel. — En abandonnant l'hydromel à lui-même, il s'opérera des fermentations secondaires qui le feront aigrir. Il faut cinq ou six mois pour arriver à un bon résultat.

Comment on prépare les abeilles à passer l'hiver. — Quand vous aurez fait votre dernière récolte (à la fin de septembre, vous rendrez les cadres aux abeilles pour qu'elles les lèchent et reprennent le miel dont les cellules sont encore humectées.

Vous pouvez à volonté les enlever de nouveau pour les emmagasiner chez vous, dans quelque meuble à l'abri des teignes et de l'humidité, ou les laisser dans la ruche elle-même. Si, à la fin de l'hiver, quelques rayons sont moisis, vous n'aurez qu'à enlever, lors de votre première visite, les parties détériorées.

Si vous préférez enlever les cadres et restreindre l'espace occupé par les abeilles, — ce que nous croyons plus avantageux, — vous laisserez seulement huit ou dix cadres, suivant la force de votre population ; vous rapprocherez les deux portes vitrées contre les derniers cadres, et vous remplirez l'espace laissé vide de chaque côté avec du petit foin, ou toute autre matière qui s'empile facilement, afin de préserver les abeilles du froid. Évitez de laisser des courants d'air trop forts.

CHAPITRE VIII

Ennemis des abeilles. — Leurs maladies

Les abeilles ont des ennemis ; elles ont aussi leurs maladies.

1° *Les ennemis des abeilles.* — Parmi les nombreux ennemis des abeilles, on peut citer principalement la fouine, la souris et la fourmi.

Parmi les oiseaux : l'hirondelle, la mésange et le gobe-mouche.

Parmi les insectes : l'araignée, la guêpe, le frelon et la fausse-teigne.

Les fouines et les souris ne peuvent rien contre les abeilles qui vivent dans nos ruches parce qu'elles ne peuvent pénétrer par l'entrée ou trou de vol qui ne mesure qu'un centimètre de hauteur.

Il n'en est pas de même de la fourmi qui s'introduit dans la ruche par toutes les ouvertures et les plus petites fentes. Pour s'en défaire, il faut d'abord rechercher le nid, puis y verser du vin acide, de la piquette ou de l'eau vinaigrée, plus ou moins selon l'importance du nid.

Quant aux oiseaux, il est difficile de les éloigner : mieux vaut user du fusil pour s'en défaire.

L'araignée dresse ses filets devant la ruche du côté du trou de vol. Elle se blottit généralement sous la toiture où il est facile de la découvrir et de la tuer.

La guèpe non seulement mange l'abeille, mais elle ne craint pas d'entrer dans la ruche et de s'y gorger de miel.

Le frelon est un audacieux bandit des grands chemins ; il n'entre pas dans les colonies, mais il attaque l'abeille en voyage et la prend au vol pour en nourrir ses larves.

Ici encore, il faut chercher les nids et les détruire. Les sociétés d'apiculture devraient déterminer une prime à attribuer aux enfants qui auraient détruit un nid de guèpe ou de frelon. L'agriculture en général en bénéficierait et l'apiculture en particulier.

La fausse-teigne fait de grands ravages dans les ruches. C'est un papillon de nuit, de couleur gris-pâle qui dépose ses oeufs dans les fentes ou dans les cellules où sa larve se développe en se nourrissant de cire. Ce petit ver s'introduit alors dans le couvain sous l'opercule qui le recouvre. Une petite traînée de points blancs indique à l'apiculteur la place qu'il occupe. Il faut avec la pointe du couteau mettre à découvert cette galerie ; le ver tombera et l'apiculteur le tuera.

Avec la ruche à rayons fixes, panier ou hausses, cette petite opération n'est pas pratique. Il faut avoir recours à la fumée ou au tapotement. Ces deux moyens effrayent le ver qui se laisse choir de lui-même sur le plateau où l'attend l'apiculteur pour le massacrer.

Nous ne parlerons que pour mémoire du poux qui se cramponne sur le corps de l'abeille et surtout sur la reine dont le corselet en est quelquefois tout couvert à l'automne. Il ne paraît avoir aucune mauvaise influence sur leur santé. D'ailleurs un peu de fumée de tabac, d'après M. Bertrand, suffit pour lui faire lâcher prise et tomber sur le plateau, d'où il faut le balayer aussitôt.

2° *Maladies des abeilles.* — Les trois principales maladies des abeilles sont la dyssentrie, l'indigestion et la loque.

La dyssentrie ne présente pas grand danger dans nos contrées à hiver peu rigoureux. Les abeilles l'éprouvent surtout quand par suite de mauvais temps *prolongés*, froid ou pluie, elles n'ont pu sortir au dehors pour se vider. Elles sont obligées de se débarrasser à l'intérieur ; de là, ces taches noires de déjections répandues le long des rayons sur le bord des cellules. Il leur suffit d'un beau soleil de quelques heures qui leur permette de sortir et de se soulager pour retrouver une parfaite santé.

L'indigestion est produite par un abaissement subit de la température qui saisit les abeilles, alors que, pour une cause quelconque elles sont gorgées de miel. Gardez-vous bien de déranger vos abeilles les jours où la température descend au-dessous de zéro, c'est-à-dire quand il gèle ; et éloignez de votre rucher les animaux qui pourraient les déranger. La colonie excitée par quelques secousses, en hiver, rompt son groupe, se met en bruissement, se gorge de miel, puis le calme rétabli, les abeilles gorgées de miel tombent par centaines sur le plateau, l'abdomen gonflé, et encombrent bientôt le trou de vol de leurs cadavres. Il n'y a qu'un moyen d'enrayer le mal et de sauver la ruchée si l'on s'en aperçoit à temps. C'est de l'emporter dans une chambre noire chauffée et de lui administrer du sirop tiède. On ne la reportera à sa place que par une belle journée où les abeilles pourront faire une sortie.

Mais la plus terrible de toutes les maladies des abeilles, c'est la *loque* ou pourriture du couvain. Cette maladie n'est pas épidémique mais elle est contagieuse, c'est-à-dire qu'elle peut se communiquer de l'une à l'autre par le contact.

On la reconnait seulement à l'inspection minutieuse des rayons de couvain. Si vous apercevez au fond des cellules des larves mortes, en état de *décomposition*, c'est la loque. Quand elle est déjà très avancée et que les rayons contiennent un grand nombre de larves mortes, la ruche exhale une odeur de cadavre en putréfaction, que l'on sent quelquefois auprès de la ruche sans l'ouvrir.

Cette maladie est très difficile à guérir et à cause des soins que le traitement nécessite, à cause di danger de communiquer la maladie de l'une à l'autre, nous croyons qu'il est mieux pour l'apiculteur qui ne dispose pas de son temps, de laisser la ruche en paix jusqu'à l'automne et au moment de la dernière récolte, il la videra entièrement du miel et des rayons et détruira la colonie.

Il faut extraire le miel des rayons dont on détache préalablement toute la partie malade. On peut se servir de ce miel pour faire de l'hydromel et de l'eau-de-vie. Généralement il n'y a pas de larves loqueuses au milieu du miel. Les rayons sont fondus *de suite* et *les cadres brûlés*. La ruche doit être lavée au dedans et au dehors avec un soin minutieux au moyen d'acide sulfurique étendu de moitié d'eau. On la ferme et elle attend le printemps suivant pour recevoir une nouvelle colonie.

On a essayé jusqu'ici pour les guérir un grand nombre de méthodes qui ont réussi chez les uns et n'ont fait aucun effet chez les autres. Le remède simple et d'une efficacité certaine est encore à trouver. On conseille de mettre un morceau de camphre dans toutes les ruches comme préservatif.

A ceux cependant qui voudraient essayer de traiter leurs malades, nous leur indiquerons un remède très simple qui nous a réussi. C'est le camphre, en gros morceaux dans la ruche et en solution dans le sirop qu'on doit administrer.

Il faut d'abord sacrifier tous les rayons malades, réduire la colonie en ne lui laissant que juste l'espace qu'elle peut occuper ; mettre un bon morceau de camphre sur le plateau, et chaque soir nourrir au sirop camphré dont voici la composition.

Faites fondre sur le feu deux kilos de sucre dans un litre d'eau : mettez-y un gramme de camphre que vous aurez d'abord fait dissoudre dans une cuillerée d'alcool ou de bonne eau-de-vie, mélangez et administrez cette préparation à votre malade à la dose d'un demi-litre par jour jusqu'à guérison complète.

Voici une seconde recette qui a presque toujours produit de très bons résultats. C'est celle du docteur Hilbert. Le traitement consiste en fumigation et en nourriture par un sirop additionné d'acide salicylique dissous dans l'alcool.

Tous les quatre ou cinq jours, jusqu'à guérison, on fait brûler un gramme d'acide salycilique sur un plateau en fer blanc au moyen d'une petite lampe à alcool en disposant tout de manière à envoyer toute la fumée à l'intérieur de la ruche.

Voici les solutions indiquées dans *La conduite du rucher* [1], par M. Bertrand qui a vu son rucher envahi par la terrible maladie, et qui a parfaitement réussi à s'en débarrasser par ce procédé : « Solution nº 1 : « Acide salycilique précipité très pur, 12 grammes « 1/2 ; alcool très pur 100 grammes.

« Solution nº 2 : 200 gouttes de la solution nº 1, soit « 5 grammes dans 200 grammes d'eau distillée ou d'eau « de pluie, tiède pour empêcher que l'acide ne se pré- « cipite ».

« La solution nº 1 sert à préparer le sirop : de 200 à 240 gouttes de la solution nº 1 par litre : faire le mélange avant le refroidissement du sirop. La solution nº 2 sert à laver pendant les fumigations l'entrée de la ruche et le devant du plateau ».

[1] On trouve cet ouvrage chez l'auteur : M. Bertrand, à Nyon, canton de Vaud, (Suisse), au prix de 2 fr. 50.

CHAPITRE IX

Conseils à ceux qui continuent à cultiver les abeilles en panier

L'abeille, même en panier, demande des soins. Ce genre de culture donne un produit tout à fait inférieur à la ruche à cadres, tant en qualité qu'en quantité. Aussi nous vous répétons que vous devriez transformer votre rucher et mettre toutes vos colonies dans de bonnes ruches à cadres mobiles : vous augmenteriez ainsi sensiblement votre revenu. La ruche à cadres mobiles, dont nous venons de nous occuper, est de beaucoup supérieure à toute ruche à rayons fixes : nous vous avons dit plus haut ses principaux avantages. Le panier est surtout trop petit. Sa capacité ne dépasse pas 50 litres, tandis que notre ruche mesure environ 90 litres, et on peut la porter à 180.

Aussi tandis que vos paniers comptent à peine 40,000 ouvrières, nos ruches, à cadres n'en comptent pas moins de 80,000, quelquefois 100,000. Ce qui est facile à apprécier, quand on sait que 10,000 abeilles pèsent un kilog.

Votre panier ne fournit pas assez de place à la mère pour y développer sa ponte. D'autre part, il n'a pas assez de cellules libres pour la récolte des ouvrières. Il en résulte de l'inaction au moment de la grande miellée, et de la part de la mère et de la part des ouvrières: au total c'est une perte pure et simple pour le propriétaire.

Le panier ne permet pas la récolte facile du miel. L'abeille, en effet, a pour habitude d'emmagasiner ses provisions au-dessus du couvain, tout à fait au sommet des rayons. Le miel est donc au fond du panier, en haut, et vous ne pouvez l'y aller prendre, à moins de détruire votre ruche. Aussi vous vous contentez de ce que vous trouvez en bas du panier, et quand vous obtenez une moyenne de cinq livres, vous estimez que la récolte est bonne. C'est vraiment très aimable d'être satisfait d'aussi peu !

Avec le panier, vous ne pourrez empêcher la production des mâles. — Or, avec ces milliers de bouches inutiles dans une ruche si petite, quelle récolte pouvez-vous espérer ?

Mais, puisque vous voulez demeurer routinier et continuer à cultiver le panier vulgaire, nous allons vous indiquer la méthode qui vous donnera les meilleurs résultats.

D'abord, ne conservez jamais de colonies faibles. Un bon essaim pèse de deux à trois kilos ; c'est-à-dire qu'il est composé de 20 ou 30,000 abeilles. Si, à l'époque de l'essaimage, vous recueillez un essaim faible, gardez-vous bien de le mettre en panier pour l'abandonner à lui-même.

Dès le jour même, le soir venu, réunissez-le à un autre.

Comment on réunit deux essaims ensemble. — Portez l'essaim trop faible auprès du panier auquel vous voulez le réunir, puis après les avoir mis en bruissement tous les deux, frappez-le brusquement contre terre de façon à faire tomber toutes les abeilles (comme page 8,) et placez vite dessus l'autre panier. Laissez-les ainsi jusqu'au lendemain, et de bon matin, vous le mettrez en place. Pendant la nuit, les deux essaims se mélangent, l'une des deux mères est mise à mort et la réunion est faite. Il est très difficile, il est presque impossible de réussir cette opération en plein jour.

Comment on doit faire la récolte dans les paniers. — C'est une désastreuse habitude d'enlever impitoyablement tous les rayons du bas du panier sous prétexte de faire la récolte. Vous agissez, en effet, comme celui qui tue la poule pour avoir les œufs. Prenez les rayons qui sont sur le côté, c'est justice, puisqu'ils contiennent du miel ; mais ne touchez pas à ceux du milieu qui ne contiennent que du couvain, c'est-à-dire des abeilles en formation. Nous n'exagérons pas en affirmant que vous détruisez par ce procédé de 5 à 10,000 abeilles : or, ces jeunes abeilles, c'était l'espoir de l'avenir, car ce sont les jeunes qui passent le mieux l'hiver et qui, au printemps, tiendraient la place des vieilles qui seront mortes. Votre ruche ne prospérera pas au printemps et cela par votre faute.

Vous dépeuplez votre panier contre toute raison et aussi sans profit.

Qu'en résulte-t-il? A l'époque où vous faites ce carnage barbare (fin d'août) vos abeilles ne peuvent plus construire et ne peuvent remplacer les rayons enlevés. Il n'y aura peut-être pas, pour le moment, d'autre dommage que celui d'avoir épuisé la colonie, parce que la mère ne pond déjà presque plus : mais il faut savoir que cette ponte recommence en février, quelquefois en janvier, et qu'elle augmente ensuite au fur et à mesure qu'on approche du printemps. La reine, privée de cellules, puisque vous les avez enlevées, est forcée de restreindre sa ponte et, tandis que dans un panier où l'on a laissé les rayons du milieu, l'abeille-mère pond 1,000 à 1,500 œufs par jour, chez vous elle en pondra à peine la moitié. Le panier se repeuplera lentement; aussi, quand arrivera la grande miellée, vos ouvrières s'occuperont à construire de nouveaux rayons au lieu d'aller aux champs faire une cueillette qui vous donnerait un tout autre bénéfice que celui que vous avez retiré de la vente de ces quatre mauvais gâteaux.

Il ne faut donc pas enlever les rayons du milieu, mais les laisser intacts à moins qu'il n'y ait des cellules de mâles, que vous devez toujours retrancher sans hésiter; et, l'année suivante, vous obtiendrez de bonne heure de magnifiques essaims qui seront pour vous une vraie fortune.

Quand il faut prendre le miel. — Il faut tailler aussitôt après la floraison du premier sainfoin, c'est-à-dire vers le 20 juin, si vous voulez avoir un miel blanc de premier choix. En agissant ainsi, si le beau temps persévère, vos abeilles pourront reconstruire les rayons enlevés et, en septembre, peut-être trouverez-vous une seconde récolte.

De l'endroit où il faut se mettre pour tailler. — Ne vous placez jamais au milieu du rucher pour faire votre récolte, parce que l'odeur du miel que vous enlevez attire les abeilles des ruches voisines qui se précipitent sur vous et sur les rayons.

D'autre part, toutes les butineuses, qui arrivent des champs, viennent aussi vous assaillir et quelquefois, malgré votre tunique de grosse étoffe, vous ressentez les effets de leur colère.

Emportez donc le panier que vous voulez tailler à vingt mètres des ruches et à l'ombre, en ayant soin de mettre à sa place un panier vide couvert de la robe.

A cette distance vous ne serez pas gêné par les abeilles et vous ne les gênerez pas non plus.

Comment on arrête le pillage. — Si par votre faute ou pour toute autre cause une ruche est pillée, — ce que vous pouvez voir à la bataille qu'elles se livrent devant le panier, — il faut y porter un prompt secours ; demain il ne serait plus temps.

Prenez le panier pillé et portez-le à quelques mètres plus loin : cinq minutes plus tard faites de même, puis une fois encore, et enfin portez-le à la cave ou dans une chambre noire, pendant une demi-heure. Après quoi vous le rapporterez à sa place en ayant soin de fermer tous les passages autour, excepté un espace suffisant pour laisser entrer une ou deux abeilles.

Quelquefois vos meilleures ruches sont détruites après la récolte parce que vous ne savez pas les défendre.

Comment on nourrit les abeilles dans les paniers. — Quand les abeilles dans les paniers manquent de vivres, il faut leur en donner au plus tôt.

Mettez du sirop de sucre tiède, comme nous avons dit page 11, dans une assiette : répandez dessus une couche de brins de paille mincée pour que les abeilles ne s'engluent pas et glissez l'assiette sous le panier. Vous ne nourrirez pas en plein jour mais le *soir* et *jamais en dehors du panier*.

Si vos abeilles sont trop faibles pour descendre chercher le sirop que vous leur offrez, culbutez votre panier la tête en bas et répandez de l'eau sucrée sur elles entre les rayons. Vous pouvez répéter cela autant de fois que vous le voudrez, de préférence le soir.

Nous voudrions, par ces quelques lignes, avoir été utile aux gens de la campagne ; mais en leur enseignant à profiter des richesses que Dieu met à leur portée, nous nous permettrons de leur dire qu'il faut regarder plus haut que cette terre.

En cultivant les abeilles, l'apiculteur aura l'occasion d'admirer à chaque instant leur instinct merveilleux, — on dirait presque leur intelligence. — Mais l'abeille n'est que l'ouvrage de Dieu son créateur et le nôtre. Jouissons des trésors que la Providence met à notre disposition, mais ne soyons pas ingrats et sachons toujours reconnaître le bienfait. Trop souvent nous admirons l'ouvrage sans penser à bénir le divin ouvrier qui a fait le monde et toutes ses merveilles.

ALTITUDE
175 m.

APPENDICE

VILLABON

RÉCOLTE 1re ET 2e 1889

Nos	RACE	AVEC GRENIER	1re RÉCOLTE	2e RÉCOLTE	TOTAL	OBSERVATIONS
1	Métis (4e gén.)	Grenier.	25k 100g	5k 500g	30k 600g	A donné un essaim
2	Métis.	Essaim.	» »	» »	» »	
3	Noire.	Pas de grenier	10 »	10 »	20 »	Très faible au printemps. Bonne à l'automne.
4	Métis.	Grenier.	43 700	25 »	68 700	
5	Inoccupée.	»	» »	» »	» »	
6	Noire.	Pas de grenier	21 600	» »	21 600	
7	Métis (4e gén.)	Grenier.	28 »	9 »	37 »	
8	Métis.	*Ruche double.*	58 500	24 »	82 500	Hiverne avec 13 cadres.
9	Noire.	Grenier.	27 600	15 »	42 600	
10	Métis (4e gén.)	Grenier.	23 500	26 »	49 500	
11	Noire.	20 *cad.* et gren.	38 600	27 »	65 600	
12	Noire.	Essaim.	» »	» »	» »	
13	Métis.	Sans grenier.	19 »	» »	19 »	N'a pas été récoltée à l'automne.
14	Noire.	20 *cad.* et gren.	38 900	32 500	71 400	
15	Italienne pure	20 *cad.* et gren.	39 600	11 »	50 600	A donné l'essaim artificiel n° 30 et a été portée au n° 19.
16	Italienne pure	Grenier.	26 700	13 500	40 200	
17	Italienne pure	Grenier.	32 800	19 500	52 300	
18	Métis.	*Ruche double.*	42 »	7 »	49 »	A très probablement essaimé. J'ai constaté une diminution notable de la population à un moment donné.
19	Italienne pure	Grenier.	26 400	9 »	35 400	A été déplacée et a cédé sa place au au n° 15.
20	Métis.	20 *cad.* et gren.	55 »	11 500	66 500	A donné 2 essaims naturels.
21	Noire.	Grenier.	33 100	18 500	51 600	
22	Métis.	*Ruche double.*	44 100	25 »	69 100	
23	Métis.	Grenier.	34 900	22 500	57 400	
24	Métis.	Essaim.	» »	» »	» »	
25	Noire.	Grenier.	31 500	10 500	42 »	Ruche à 16 cadres.
26	Inoccupée.	»	» »	» »	» »	
27	Noire.	»	» »	» »	» »	N'a pas été récoltée.
28	R. Dadant - Noire	20 cadres.	23 400	12 »	35 400	
29	R. Layens - Noire	24 cadres	11 200	8 500	19 700	
30	Inoccupée en 1re récolte.		» »	8 »	8 »	Essaim artificiel.
		Total......	735k 200	350k 500	1085k 700	

TABLEAU COMPARATIF DE LA RÉCOLTE 1889

Suivant la capacité des ruches.

Ruches	N°	Race	Récolte	Observations	Totaux	
Ruches doubles 36 cadres Burki.	8	métis	82k 500.		Récolte totale des 3 ruches : 200k 600. Moyenne : 66k 800.	
	18	métis	49 ».	A probabl. donné 1 essaim.		
	22	métis	69 100.			
Ruches a 20 cadres avec grenier à miel Cadres de 21 cent. de haut dans œuvre.	11	noire	65k 600.	Moyenne, 68k 500.	Total des 4 ruches : 254k 100. Moyenne : 63k 500.	Total des 6 ruches : 309k 200. Moyenne : 51k 500.
	14	noire	71 400.			
	15	italienne	50 600.	A donné 1 essaim artificiel qui a produit une récolte de 8k.		
	20	métis	66 500.	A donné 2 essaims naturels.		
Ruche Dadant (20 cad.) horiz.	28	noire	35 400.			
Ruche Layens (24 cadres).	29	noire	19 700.	Population très faible au printemps. Arrive à la récolte avec 4 cadres.		
Ruche a 18 cadres avec grenier de 21 cent. de haut dans œuvre. Sauf les nos 3 et 6 qui n'ont pas reçu de grenier.	1	métis	30k 600.	A donné 1 essaim.	Total des 13 ruches : 548k 900. Et sans les nos 3 et 6 : 507k 300. Moyenne des 13 ruches : 42k 200. Et sans les nos 3 et 6 : 46k 120.	
	3	noire	20 ».	Très faible au printemps.		
	4	métis	68 700.			
	6	noire	21 600.			
	7	métis	37 ».			
	9	noire	42 600.			
	10	métis	49 500.			
	16	italienne	40 200.			
	17	italienne	52 300.			
	19	italienne	35 400.	A été déplacée et a cédé sa place au no 15.		
	21	noire	51 600.			
	23	métis	57 400.			
	25	noire	42 ».			

TABLEAU COMPARATIF DE LA RÉCOLTE 1889

PAR RACE D'ABEILLES

RÉCOLTE DONNÉE PAR LES RUCHÉES

DE RACE INDIGÈNE		DE RACE ITALIENNE		DE RACE MÉTIS	
N° 3......	20k »	N° 15......	50k 600	N° 1......	30k 600
6......	21 600	16......	40 200	4......	68 700
9......	42 600	17......	52 300	7......	37 »
11......	65 600	19......	35 400	8......	82 500
14......	71 400			10......	49 500
21......	51 600			18......	49 »
25......	42 »			20......	66 500
28......	35 400			22......	69 100
29......	19 700			23......	57 400
Total....	369 900	Total....	178 500	Total....	510 300
Moyenne.	41 100	Moyenne.	44 600	Moyenne.	56 700

TABLE DES MATIÈRES

CHAPITRE IV

Installation de la colonie dans la ruche.

CHAPITRE V

Travaux du printemps.

CHAPITRE VI

La grande miellée, l'essaimage et la récolte.

CHAPITRE VII

Récolte. — Hivernage.

CHAPITRE VIII

Ennemis des Abeilles. — Leurs Maladies.

CHAPITRE IX

Conseils à ceux qui continuent à cultiver les Abeilles en panier.

APPENDICE

www.ingramcontent.com/pod-product-compliance
Ingram Content Group UK Ltd.
Pitfield, Milton Keynes, MK11 3LW, UK
UKHW031921260826
14628UKWH00003B/1342

9 782329 398747